インプレスR&D [NextPublishing] 

仕事で使える! シリーズ
E-Book / Print Book

仕事で使える! Google スプレッドシート

Chromebookビジネス活用術

2017年改訂版

丹羽 国彦 著
佐藤 芳樹 監修

新しい表計算で
仕事を変革する!

目次

Googleスプレッドシートを活用しよう

Googleスプレッドシートの仕組み

このセクションのまとめ

Googleスプレッドシートは Googleアカウントがあれば、ブラウザー経由ですぐに使える表計算機能である。すべてブラウザー上で操作できる。ネット環境があれば、既存のパソコンはもちろん、Googleが作ったノートパソコン「Chromebook」や、スマートフォン、タブレットなどのモバイル端末でも利用可能だ。

Gmailアカウントですぐ利用可能

Googleスプレッドシートは Googleが提供する Webアプリの１つである。Webアプリとはブラウザーで使えるアプリケーションのことだ。

スプレッドシートの画面構成。Windowsユーザーであれば、Excelに近いインターフェースと感じるはずだ。

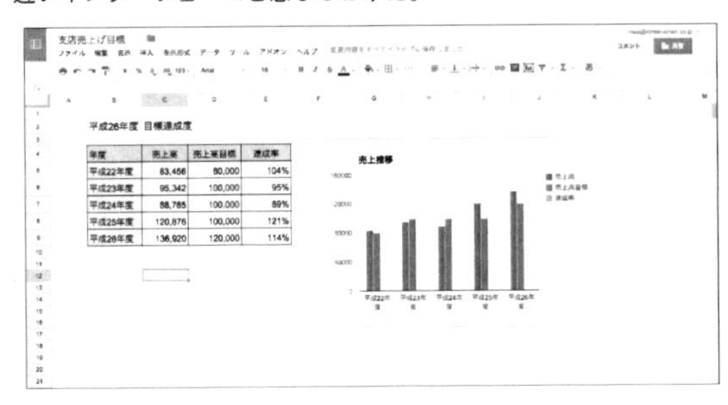

Googleスプレッドシートは、Excelのような表計算ソフトのWebブラ

ウザー版であるが、最大の特徴は他のユーザーと「共有」および「同時編集」ができる点にある。

個人でも企業内でも、それぞれのパソコンには既存の表計算ソフトで作られたファイルが大量に保存され、仕事が進むとともに新たなファイルが生まれ続けている。

いままでの仕事環境は、その大量のファイルを相手にメール添付して送り、自分もまたメール添付されたファイルを確認して保存するということの繰り返しだった。

Googleスプレッドシートを導入することで、仕事環境は一変する。ウェブ上で他のユーザーとファイルを共有し、ファイルを同時に編集することで、メールを使ったファイルのやり取りが不要になる。

Googleスプレッドシートを使うためにはGoogleアカウント、つまりGmailのメールアドレスを持っている必要がある。

Google社によると、無償のGmailを利用しているユーザーは全世界で10億人以上（2016年2月現在）もいる。また、ビジネス向けのG Suite Basic（旧称Google Apps for Work）やG Suite Business（旧称Google Apps Unlimited）などを導入している企業は500万社以上とされている。

これらのユーザーは全てGoogleアカウントを取得しているので、そのままGoogleスプレッドシートを使える状態だ。共有設定は必要となるが、Gmailアドレスを持っているユーザー同士は、Googleスプレッドシートを通じてデータを共有し合うことができるのだ。有償版のGoogleスプレッドシートを使うと、セキュリティーの設定で同じ組織内のユーザーのみでの共有しかできないように設定することもできる。

Gmailアドレスですべてのサービスが利用可能

Googleアカウントとは、Googleのサービスを利用するためのIDである。どんなメールアドレスでも利用できるが、多くの場合、Gmailアドレスそのものがgoogleアカウントになっている。すでにGmailを活用し

Googleスプレッドシートではメールでの添付ファイルのやりとりではなく、お互いに「共有」しあうことで共同編集する。

ている人は、Googleアカウントを持っていることになる。

Googleのサービスには九つのアイコンからなるメニューがあり、ひとつのサービスから他のサービスへと簡単に移動できる。

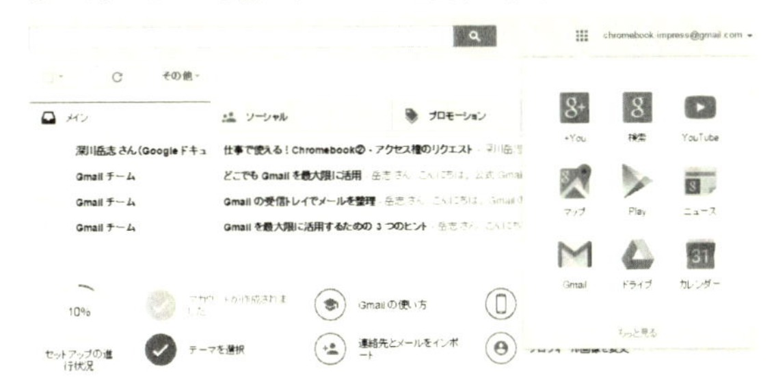

まだGoogleアカウントを持っていない人は新規のGoogleアカウントを取得しよう。携帯電話の電話番号さえあれば簡単に登録できる。

Googleアカウントを取得するためには「Google アカウントの作成」ページへアクセスする。

次のステップに進むとGoogle+のプロフィール作成画面になるが、スキップしても大丈夫。次のページで「開始する」をクリックすると、Googleカレンダーを使い始めることができる。ほんの数分の作業だ。

取得したアカウントでGmailもGoogleドライブもGoogleハングアウトも利用できる。容量はぜんぶ合わせて15GB。足りなくなれば1.99ドル／

入力項目は「姓名」「ユーザー名」「パスワード」「生年月日」「性別」「携帯電話」「現在のメールアドレス」「ロボットでないことを証明画像認証)」「国地域」だ。利用規約に同意して次のステップに進む

月で100GB、9.9ドル／月で1TBまで拡張できる。

なお、ビジネス版であるG Suite Basicだと30GB、G Suite Businessだと無制限に利用できる。

様々な端末で最新情報を確認できる

Googleスプレッドシートはブラウザーと Googleアカウントさえあれば利用できるので、あらゆるプラットフォームからアクセス可能だ。Webブラウザーからデータの入力や確認ができるので、パソコン本体に専用のソフトウェアをインストールする必要もない。iPhoneやiPad、Android向けにはGoogleスプレッドシートにアクセスする専用アプリケーションが無償で提供されているので、そちらの利用を推奨する。

Googleスプレッドシートは、ブラウザーとGoogleアカウントさえあれば利用できる。もちろんGoogleがリリースしているパソコンであるChromebookとの相性は抜群だ。

Chromebookは本体ストレージにSSD（ソリッドステートドライブ：フラッシュメモリで構成された高速な記憶デバイス）を採用しているため、起動やブラウザーの処理は非常に高速だ。ただ、Webブラウザーの

Googleのはあらゆるアプリケーションがクラウド上で運用されるので特定の端末に依存することなくあらゆる端末で利用することが可能だ。

利用のみを想定しているため、本体のストレージ容量は少ない。

一般的なWindowsノートは500GBから1TB程度の記憶容量があるが、Chromebookは16GBまたは32GBが標準である。

「大量のデータが持ち歩けないのではパソコンとしての意味がない」

と考えるかもしれないが、Googleスプレッドシートで作成したデータはすべてクラウド上のGoogleドライブに保存される。本体のストレージはさほど必要ない仕組みになっているのだ。

Googleスプレッドシートのメリットとは？

このセクションのまとめ

Googleスプレッドシートを利用する最大のメリットは共同編集機能だ。「複数メンバーでの同時編集・更新」機能は、作業の効率を大幅にアップさせる。また、常に最新情報を確認できるため、仕事に圧倒的なスピードアップをもたらす。

最大50人での同時編集作業が可能

Googleスプレッドシートを使うメリットは「同時編集」で作業を行える点にある。

たとえば、売り上げ管理表や在庫管理表などのファイルを作成する場合、まず管理者がフォーマットのファイルを作成して、情報を入力する担当者に添付ファイルとしてメールで送る。

メールを受け取った人はデータを入力して、管理者にファイルを返信する。

管理者は集めたファイルを1つのファイルに集計し、最終的なファイルを完成させる。

この一連の作業のなかでは、メールの送信作業が2回、記入作業が1回、集計作業が1回発生する。それぞれの担当者がいつでもメールを受け取って作業できるわけではないので、作業ごとにある程度の待ち時間を想定しなければならない。

Googleスプレッドシートの共有機能を利用すれば、この作業工程を大幅に効率化できる。

管理者は、Googleスプレッドシート上でフォーマットを作成し、記入を担当する関係者とシートを「共有」する。これでまずメールの送信と返信の作業がなくなる。

すべての関係者がウェブ上にある1つのシートに対して、同時にデータを入力することができる。これまでのようにメールでファイルを送り返す作業は必要ない。記入と集計の作業が一つになるのだ。

この同時編集は最大50人まで可能なので、あらゆる種類の業務において活用できる。経費精算表の作成やシフト管理の作成など、関係するスタッフが多ければ多いほど、利便性は高まる。

集計作業を減らして、管理コストを大幅に削減

Googleスプレッドシートは表計算アプリなので、数値の集計が必要な場合は、関数や計算式を使って自動的にデータ集計を行える。

たとえば、企業ならかならず必要な売り上げ管理表を考えてみよう。半年の合計売り上げや部門全体の売り上げ、平均の売り上げなど、集計が必要な情報がたくさんある。これまではExcelなどの表計算ソフトを

Googleスプレッドシート最大の特徴ともいえる同時編集の画面（画面では罫線の色が変わっている３名が同時に数値を入力している）。

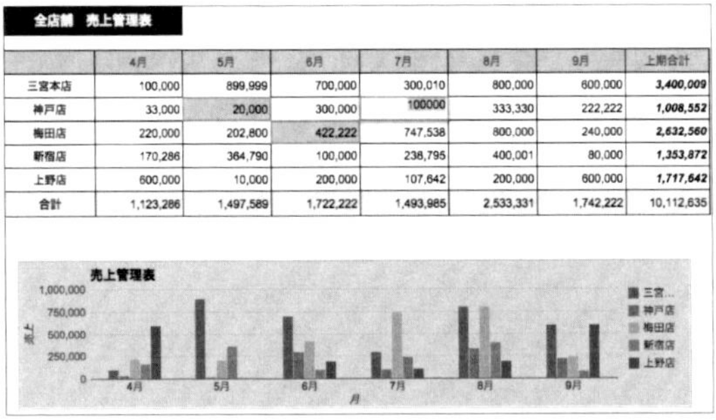

全店舗　売上管理表

	4月	5月	6月	7月	8月	9月	上期合計
三宮本店	100,000	899,999	700,000	300,010	800,000	600,000	***3,400,009***
神戸店	33,000	20,000	300,000	100000	333,330	222,222	***1,008,552***
梅田店	220,000	202,800	422,222	747,538	800,000	240,000	***2,632,560***
新宿店	170,286	364,790	100,000	238,795	400,001	80,000	***1,353,872***
上野店	600,000	10,000	200,000	107,642	200,000	600,000	***1,717,642***
合計	1,123,286	1,497,589	1,722,222	1,493,985	2,533,331	1,742,222	10,112,635

使って行っていた作業だ。

Googleスプレッドシートでも、事前に計算式を作成しておくことで、関係者が情報を入れた瞬間に集計を行える。

これまでのように別々のファイルに入力してもらったデータを1つのファイルに集計するのではなく、みんなが1つのファイルにデータを入力することで自動的に計算が実行され、複雑な集計作業が不要になる。

集計されたデータは常に最新の状態でオンライン上にある。この効果は絶大だ。集計作業が減ることで人件費のコストが削減される。いつでも最新の情報を確認できるため、最新データをもとに素早く対策が打てるのもメリットだ。

必要に応じて、関係者に共有できる

Googleスプレッドシートは、必要に応じて、複数の関係者で共有できる。共有設定は、右上の「共有設定」から行う。

Googleアカウントをユーザーの部分に入れることで、ファイルの共有が可能になる。共有する際、権限は「編集者」「コメント可」「閲覧者」の3種類から選ぶことができる。あとからの変更も可能だ。

「編集者」とはファイルを同時に編集できる権限、「コメント可」はファ

Googleスプレッドシートでの集計表およびグラフ挿入後の画面。Excelなどに比べてなんら遜色のないグラフの挿入が可能だ。

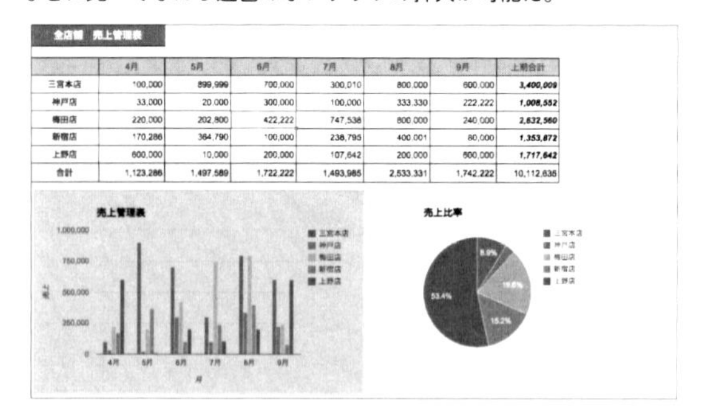

全店舗　売上管理表

	4月	5月	6月	7月	8月	9月	上期合計
三宮本店	100,000	899,999	700,000	300,010	800,000	600,000	***3,400,009***
神戸店	33,000	20,000	300,000	100,000	333,330	222,222	***1,008,552***
梅田店	220,000	202,800	422,222	747,538	800,000	240,000	***2,632,560***
新宿店	170,286	364,790	100,000	238,795	400,001	80,000	***1,353,872***
上野店	600,000	10,000	200,000	107,642	200,000	600,000	***1,717,642***
合計	1,123,286	1,497,589	1,722,222	1,493,985	2,533,331	1,742,222	10,112,636

イルにコメントを書き込む権限、「閲覧者」はファイルを閲覧するだけの権限である。

共有設定では、共有相手、または公開範囲全体に対して、「編集者」「コメント可」「閲覧者」の権限を付与することができる。自分がオーナーのデータでかつ同一組織のユーザーに限って、オーナー権限の委譲も可能だ。

「詳細」をクリックし、より細かな設定をすることもできる。

Googleアカウントごとに共有設定をするだけでなく、もう少し広範囲に共有する場合は、こちらから設定をしよう。

「ウェブ上での一般公開」、「リンクを知っている全員」のいずれかを選択すれば、Googleアカウントを持っていなくても閲覧することができる。

企業版のG Suiteを利用すれば、同組織内で「編集者」「コメント可」「閲覧者」をまとめて設定することができるので、非常に便利だ。

企業版のG Suiteの詳細な共有設定では、Googleアカウントをもっていない相手やPR目的での一般公開や、また組織全体に対しての権限も付与できる。たとえば社内限定の公開しかできないようにする、などを管理者側で設定することも可能だ。

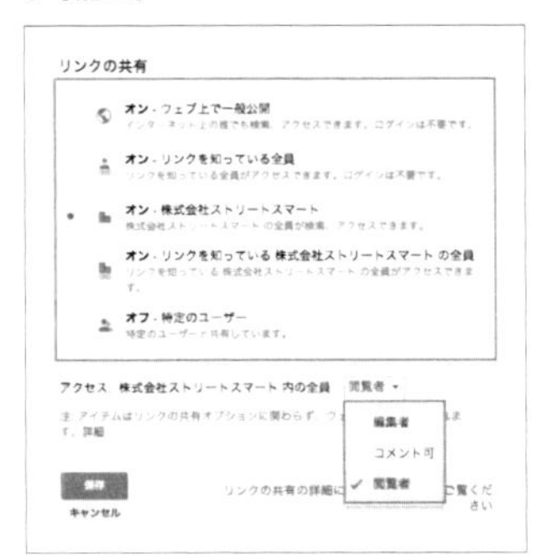

Googleグループを利用して共有するやり方もある。GoogleグループでGoogleスプレッドシートのファイルを共有した場合、そのグループに所属するGoogleアカウントすべてに同グループと同様の共有設定が適用される。組織であれば、部門ごとのグループ、役員だけのグループなど必要なグループを準備しておけば、ファイルの種類に応じてその都度、必要な共有設定を行える。

Googleスプレッドシートで仕事を変える

このセクションのまとめ

Googleスプレッドシートを活用すれば、効率よく大量の情報を集約することができる。アリルタイムの情報を利用し、意思決定のプロセスをスピードアップすることで、他社との差別化を実現しよう。

会社のあらゆる数値状況をタイムリーに共有する

これまで売り上げ管理や在庫管理は、個々のパソコン内で行われてきた。

Googleスプレッドシートはアプリもデータもウェブ上に存在する。多人数でデータを共有し、同時に編集を行うことができる。

売り上げ管理や在庫管理をパソコンベースからGoogleスプレッドシートベースに移すことで、仕事が大幅に効率化される。

すでに述べたとおり、メールでファイルの送受信が不要になり、集計作業なども不要になる。いつでもウェブ上で最新データのファイルが見られるため、会社の情報をタイムリーに把握することができる。

共有方法や共有権限の組み合わせにより、セキュリティー面の安全も確保できる。

拠点が増えれば増えるほど、拠点のエリアが広がれば広がるほど、Googleスプレッドシートの効果は大きくなる。

これまでは拠点が増えるほど、集計が必要な情報を把握するのに時間がかかった。タイムリーに状況を把握しようと思えば、ネットワークやシステムを導入するのに高いコストがかかった。必要と認識しつつも、なかなか実現できない状況だったのである。

しかし、Googleスプレッドシートを活用すれば、ネット環境を用意するだけで、あらゆる数値状況をタイムリーに共有する環境を簡単に実現できる。

クラウドは距離を超える。海外の拠点間にて、いつでも数値管理・把握をしあえる環境もスプレッドシートならお手の物だ。ただセキュリティー上の理由からも企業向けのG Suite利用が前提となる。

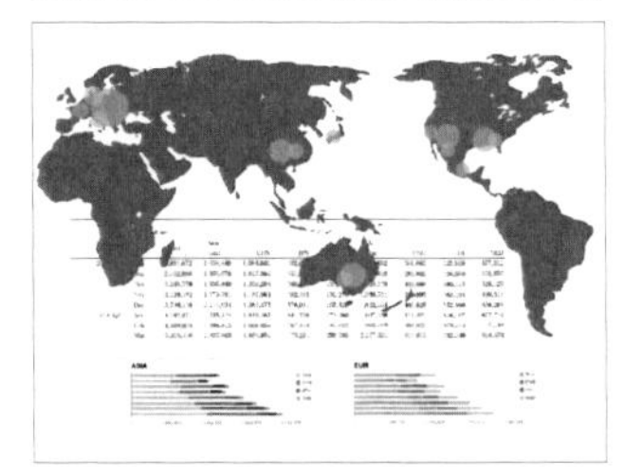

フォルダ管理で部署、チームなど必要なメンバーに必要なファイルを共有する

Googleスプレッドシートのデータは、Googleドライブに保存される。

Googleドライブは、Googleが提供しているクラウドストレージサービスだ。Googleアカウントを取得するだけで、15GBの容量を無料で利用できる。GmailやGoogleドキュメント、Googleスライド、Googleフォームなどさまざまなファイルが Googleドライブに自動保存される仕組みになっている。Googleスプレッドシートなど Google形式のドキュメントは容量無制限で Googleドライブに保存されるのもうれしい。

ファイルが増えてくると、フォルダで分類、管理する方法が有効になる。上部にある検索バーからファイルを検索することも可能である。従来のキーワード検索のほか、人工知能を駆使した自然言語検索（人間が普段話すような言葉を人工知能が解釈し最適な検索条件に置き換えてくれる）にも対応している。検索はGoogleの基幹技術なので、非常に優れている。

Googleドライブはパソコンのハードディスクと同じく、フォルダを作ることができる。

関連のファイルをフォルダにまとめていくことで、効率的にファイルを探したり、検索したりできるようになる。

Googleドライブ内に保存されるスプレッドシートはいつでも検索できる。検索を主体にした管理ではファイル名などに規則性ももたせることもとても効果的だ。

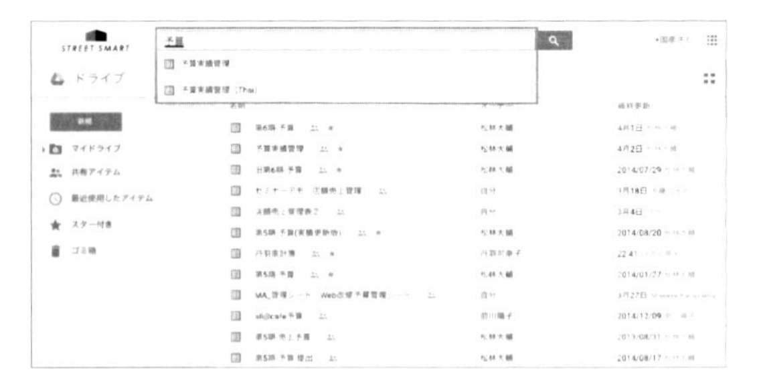

共有設定はフォルダ単位やファイル単位で行える。フォルダ内にファイルを移動すると、そのフォルダに設定している共有設定が適用される。

ファイルごとに共有設定を設定しなくても適切なフォルダ内にファイルを保存するだけで、必要な関係者と共有できるのである。

フォルダ毎に共有設定することで、フォルダ内のファイルはそのフォルダに保存されている間、同様の共有設定が適用される。

フォルダの下に新規フォルダを作り、階層構造にすることもできる。たとえば、「管理業務」フォルダの下に「営業管理」フォルダや「売り上げ管理」フォルダを作ることができるのだ。

作成したスプレッドシートをフォルダ別に保存することで、ファイルを整理するだけでなく、その業務の関係者との共有することが可能になる。

フォルダの中にさらにフォルダを作成していくこともできる。ブラウザー内で使用することを考えると、あまり深く階層を作ることは控えるのがお奨めだ。

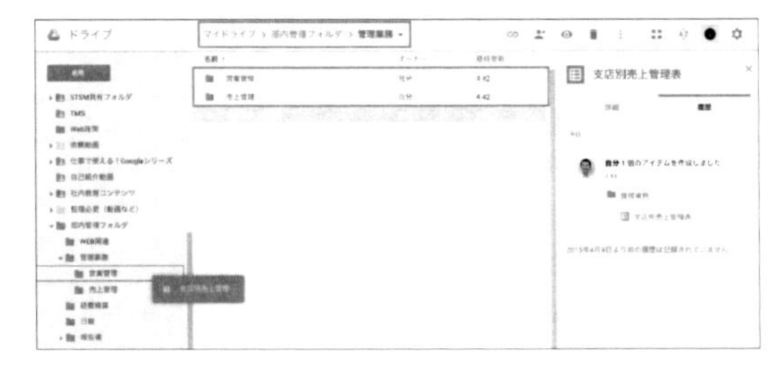

Googleスプレッドシートでビジネスを加速する

「同時編集」するメリットを体験しよう

このセクションのまとめ

まず、身近な書類や資料を「同時編集」することで、Googleスプレッドシートを利用するメリットを体験してみよう。売り上げ管理、在庫管理、シフト管理など「〇〇管理」と言われるものにGoogleスプレッドシートは非常に向いている。毎日行う業務の手間と時間が削減されることで、仕事がスピードアップし、効率化することを体感してほしい。

資料作成を同時編集と共有で効率化

会議は1人ではできない。必ず1人以上のメンバーと一緒に行う。

そのため、会議の場では参加者全員と情報を共有する必要があり、事前に会議資料の作成が必要だ。会議資料の作成に多大な時間と労力をかけていることも多いだろう。

しかし、Googleスプレッドシートを使えば、今まで会議資料の作成にあてていた時間を大幅に削減することができる。

たとえば各部署の課題や問題点をまとめた会議資料を作成するには、担当者に面会したり、問い合わせのメールを送るといった作業が必要だった。

Googleスプレッドシートなら、同じファイルを「共有」し、かつ「同時編集」できる。あらかじめ問い合わせたい項目をリスト化したファイルを関係者と「共有」するだけで、移動の時間やメールのやりとりがなくなる。会議前に半自動的に資料が完成するのだ。

もし会議の前に再確認したい事項があれば、ファイルにコメントを記載することで、事前に不明点の確認も行える。

会議は物事を決定するために行うものだが、ほとんどの会議では資料に記載された情報を参加者が共有をすることに時間を費やしてしまい、予定された会議時間をオーバーしてしまうことがしばしばある。その結果、同じ議題で別途会議を開催しないといけなくなることもあり得る。

このような事態は、Googleスプレッドシートに関係者全員で入力して、常に最新のデータを共有することで防げる。共有機能は、会議を大幅に効率化するのである。

シート内でコメントをつけたり、同時に編集している相手とチャットができるなど、コミュニケーション機能も充実している。

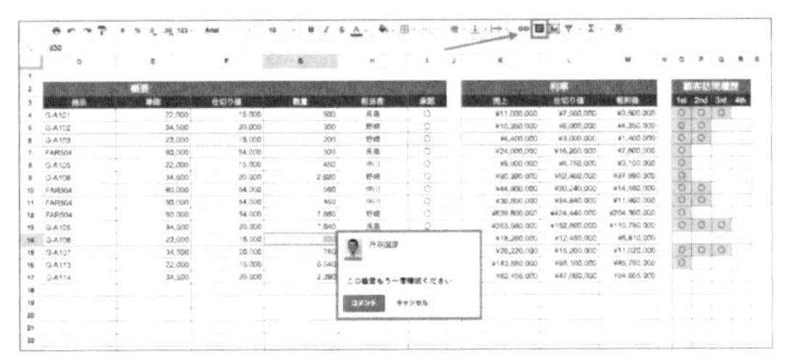

計算式、グラフを活用して業務の無駄をなくそう

Googleスプレッドシートの特徴的な機能の1つとして関数がある。Googleスプレッドシートの関数は、Excelなどの表計算ソフトで搭載している関数の多くをサポートしている。そのため、現在Excelを使っていたとしても、Googleスプレッドシートを使ってデータの操作や数値の計算を同じように行える。またGoogleスプレッドシートはアップデートされ続けており、次々に新しい関数が追加されている。

「ヘルプ」タブの中にある関数リストをクリックすれば、Googleスプレッドシートで利用可能な関数一覧を表示できる。

Googleスプレッドシートの「ヘルプ」メニューから関数リストを参照することができる。Googleオリジナルのユニークな関数なども数多い。

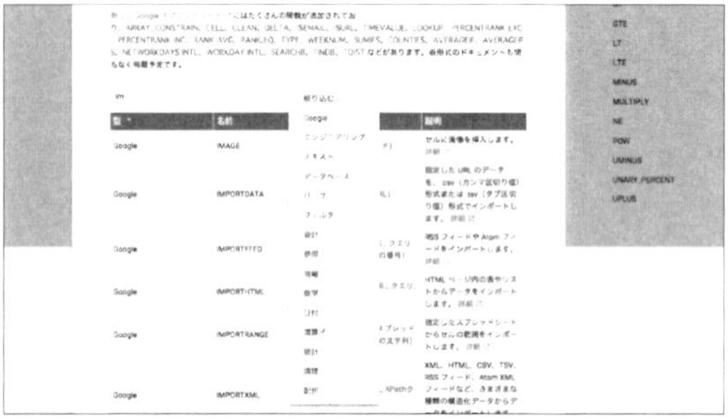

Googleスプレッドシートの関数は、これまでの表計算ソフトと違って、Webアプリだからこそできる計算式も搭載されている。証券情報を「GoogleFinance」から取得したり、インターネットからさまざまなデータを参照する関数が多数あり、とても便利だ。たとえば、天気予報や自社に関連するニュース・データなどを即座に挿入できる。

Googleスプレッドシートは上記の例のようにたくさんの計算式が使用できるので、アイデア次第で幅広く活用できる。

たとえば筆者の業務では、作業にかかった時間をGoogleスプレッドシートでリスト化し、これをもとに「どんな種類の業務にどれだけ時間がかかっているか」を一覧表で確認している。スタッフの負荷を常に把握することで業務の効率化を実現する例だ。

集計した数値を把握するために、グラフを使うのも効果的だ。色分けなどで視覚的にすぐ理解できるため、問題点にも気づきやすい。

このようにさまざまなデータを集計して、タイムリーに把握することで、業務の無駄を洗い出し、改善することができる。単なる表計算シートではなく「共有」やインターネットとの連携を前提にしたGoogleスプレッドシートならではの特長をぜひ活かしてほしい。

筆者の業務で使っている例。作業した各スタッフが、作業にかかった時間数や内容などを記載していく。添付ファイルの受け渡しや日報などによる工数管理は不要だ。

9	2015	3	2	丹羽	1	DA社	顧客向けマニュアル動画	顧客対応	【顧客折衝】動画制作進行の折衝
13	2015	3	2	丹羽	1.5	DA社	顧客向けマニュアル動画	マニュアル作成（動画）	【確認】品質管理・工程管理
17	2015	3	2	前川	1	DA社	顧客向けマニュアル動画	マニュアル作成（動画）	【作業】動画作成
20	2015	3	3	三木	4.5	DA社	顧客向けマニュアル動画	マニュアル作成（動画）	【案件設計】操作フロー仕様書ラフ
21	2015	3	3	丹羽	3.5	DA社	顧客向けマニュアル動画	マニュアル作成（動画）	【案件設計】操作フロー仕様書ラフ
22	2015	3	3	丹羽	0.5	BA社	PR動画制作	ミーティング・ハングアウト	【顧客折衝】動画制作進行の折衝
23	2015	3	3	三木	0.5	DA社	顧客向けマニュアル動画	マニュアル作成（動画）	【MTG】業務定例MTG
24	2015	3	3	丹羽	0.5	DA社	顧客向けマニュアル動画	マニュアル作成（動画）	【MTG】業務定例MTG
25	2015	3	3	前川	0.5	DA社	顧客向けマニュアル動画	マニュアル作成（動画）	【MTG】業務定例MTG
26	2015	3	3	前川	2	DA社	顧客向けマニュアル動画	マニュアル作成（動画）	【作業】動画作成
27	2015	3	3	羽賀	1	DA社	顧客向けマニュアル動画	マニュアル作成（動画）	【案件設計】操作フロー仕様書ラフ
31	2015	3	4	三木	4.5	DA社	顧客向けマニュアル動画	マニュアル作成（動画）	【案件設計】操作フロー仕様書ラフ
32	2015	3	4	三木	1.5	DA社	顧客向けマニュアル動画	マニュアル作成（動画）	【作業】素材作成
33	2015	3	4	丹羽	4	DA社	顧客向けマニュアル動画	マニュアル作成（動画）	【チェック・修正指示】操作フロー仕様書ラフ
34	2015	3	4	山内	1	DA社	顧客向けマニュアル動画	マニュアル作成（動画）	【案件設計】操作フロー仕様書ラフ
35	2015	3	4	三木	1	DA社	顧客向けマニュアル動画	顧客対応	【顧客MTG】動画シナリオの擦り合わせ
36	2015	3	4	丹羽	1	DA社	顧客向けマニュアル動画	顧客対応	【顧客MTG】動画シナリオの擦り合わせ
37	2015	3	4	前川	1	DA社	顧客向けマニュアル動画	顧客対応	【顧客MTG】動画シナリオの擦り合わせ

各自がどれくらいの時間を、どの作業に費やしているのかを関数で集計してグラフ化することで、チームの生産性も大きく向上するだろう。

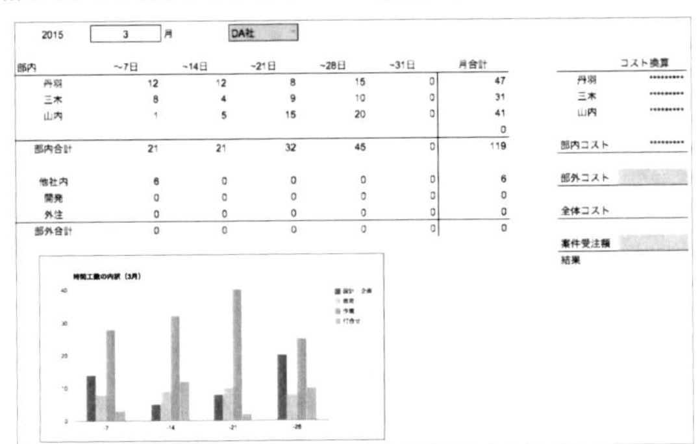

2015 3 月 DA社

部内	~7日	~14日	~21日	~28日	~31日	月合計
丹羽	12	12	8	15	0	47
三木	8	4	9	10	0	31
山内	1	5	15	20	0	41
						0
部内合計	21	21	32	45	0	119
他社内	6	0	0	0	0	6
開発	0	0	0	0	0	0
外注	0	0	0	0	0	0
部外合計	0	0	0	0	0	0

コスト換算	
丹羽	*********
三木	*********
山内	*********
部内コスト	*********
部外コスト	
全体コスト	
案件受注額	
結果	

グラフを活用する場合に、便利な表示用のツールが「Googleサイト」だ。Googleサイトはホームページ作成サービスで、個人で利用する場合は無償で100MBの容量が利用できる。G Suite BasicやG Suite Businessの場合は10GB＋ユーザー数×500MBの容量が利用できるほか、2016年11月に発表された新しいGoogleサイトを使えば容量無制限でGoogleサイトを使える。

Googleサイトはテンプレートに合わせて文字や写真、あるいはGoogleカレンダーなどのサービスを貼り付けて、ホームページを作成するWebアプリだ。一般のホームページ作成サービスと異なるのは「共有」の概念を持ち込んでいるところである。

スプレッドシートと同じく、ホームページそのものに権限をつけて、一般公開にするか限定公開にするかを選択できる。企業向けのG Suiteから利用すると、社内だけに公開するホームページ、いわゆる「社内ポータルサイト」も手軽に作成できる。社内のネットワークに共有スペースを作る感覚で捉えてもらえればいい。

このGoogleサイトを使用した共有スペース上にグラフや集計した数値を埋め込んで表示させれば、必要な情報を同ページに集めて一括確認できるようになる。

Googleカレンダー、Googleドライブなど他のGoogleサービスのデータも表示できる。これらを組み合わせることで必要な情報をニーズに合わせて集約し、まとめて閲覧できる環境を簡単に作成し、共有できる。

こうした共有スペースは組織内の壁をなくし、社内の連携をすすめる上でも重要なのでぜひ活用したい。

Googleスプレッドシートで作成した表やグラフをGoogleサイトに埋め込むことで、組織全体の情報共有がより効率化する。

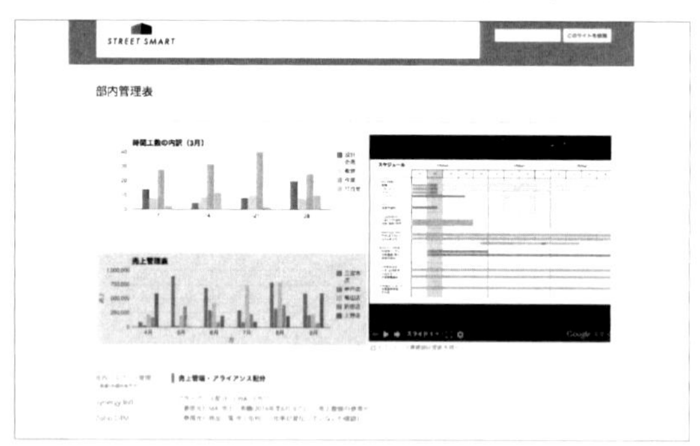

関数や自動化を使って業務を効率化する

このセクションのまとめ

Googleスプレッドシートを導入することで、作業の効率化とスピードアップが実現する。これまでの仕事のやり方と新しいスタイルを比較することで仕事の生産性を見直してみよう。

数値を使って意思決定をスピードアップする！

仕事をする上ではあらゆるデータが数値で表現される。売り上げ、経費、就業時間、訪問数、顧客数、販売単価など言い出すときりがない。

ではそれは一体、なんのための数値なのか？

多くの人が、あらゆるデータを日々取得しているが、それはすべて「意思決定」をするためのものだ。売り上げをもっと増加させる、経費を削減する、顧客数を増やすなどさまざまな目的があるが、目的を実現するためには現状のデータを数値で正確に把握する必要がある。データはできるだけ早く把握したい。

これまでビジネスの現場においては、タイムリーに情報を把握することがとても難しかった。なぜならデータを把握するまでの「データの入力→集計」という過程で、さまざまな業務が発生していたからだ。

具体的に列挙してみよう。

- **管理者がデータを入力するための表計算フォーマットのファイルを作成**
- **ファイルをメール添付で関係者に送り、受けとった人間はファイルにデータを入力**
- **入力したファイルをメールに添付して管理者に返信**
- **管理者は返送されたファイルからデータを抜きだして集計**
- **集計後、最新のデータファイルとしてメールで関係者に送信**

最新のデータを関係者が確認するまでにこれだけの手間がかかっていたのだ。

実際は、これに加えて途中でデータの修正や変更も発生するため、やり取りはさらに増える。最新のデータを把握したいというただそれだけのために、どんどん時間が過ぎていく。

Googleスプレッドシートを使えば、このプロセスを大きく変えられる。

まず、管理者がGoogleスプレッドシートでファイルを作成して関係者に「共有」する。ファイルはあらかじめ目的の集計がされるように計算式を入れておく。ファイルを共有した関係者は、そのファイルにアクセスして自分の担当部分だけを入力する。

これで、全員がファイルにデータを入力した時点で最新のデータが完成するのである。

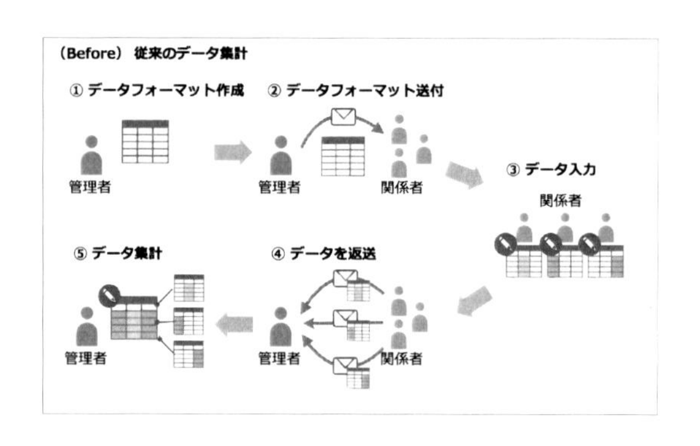

このように「データの入力→集計」というプロセスにおいてGoogleスプレッドシートを利用することで、いままで各工程でかかっていた時間が省略され、効率化とスピードアップが実現する。

その結果、管理者は本来の目的である意思決定を迅速に行うことができ、仕事の改善速度も大幅に向上するのだ。

集計に使える関数とその活用法

個別に手作業で行う集計作業ほど、無駄な時間はない。

あらゆる集計作業はGoogleスプレッドシートの計算式を活用して自動化しよう。ここでは、集計に使える基本的な関数をいくつか紹介する。

SUMPRODUCT関数、SUMIF関数、SUMIFS関数

これらは特定の範囲内において、一定の条件に一致するセルの合計を計算する関数だ。

たとえば、商品別の売り上げをまとめた管理表があった場合、「3月度」の「商品A」の「売り上げ」の合計、「1年間」の「部門別」売り上げ、など特定の条件を指定して集計する場合がある。これらの関数を使うと、各セルに数値を入力した瞬間に合計金額が算出される。

商品別の売り上げが記載されているシートとは別に、関数で得たデータが自動的に集計されたシートを新たに生成する機能もある。手間なく必要な集計結果だけを抜きだして確認できる。

特定範囲のセルから、条件に一致する数値を合計するSUMPRODUCT関数の使用例。部内の営業が日々入力したシートから「商品」「担当」別に素早く集計することができる。

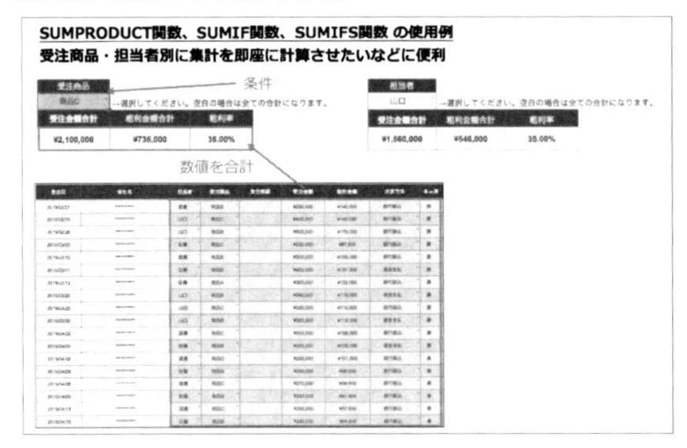

COUNT関数、COUNTIFS関数、COUNTIF関数

これらは特定の範囲内において、一定の条件に一致する「個数」を計算できる関数だ。

たとえば、商品別の売上表からある期間の販売個数を集計することができる。計算結果を元に新しいシートを生成する機能もある。「SUMPRODUCT関数」「SUMIF関数」「SUMIFS関数」とともに業務の効率化と自動化に役立つ関数だ。

IMPORTRANGE関数

特定のスプレッドシートの内容を、別のスプレッドシートにインポートする関数だ。

たとえば、自分の経費精算の一覧をまとめたファイルを各自それぞれに持っていた場合、自動で1つのファイルにデータを移行して全員の経費をまとめて閲覧できる。月末の会計処理や経費管理を格段にスピードアップできるだろう。

IMPORTRANGE関数は、個々で入力する別々のシートの数値を1つにまとめて処理をしたい経費精算や勤怠日時集計などに便利だ。

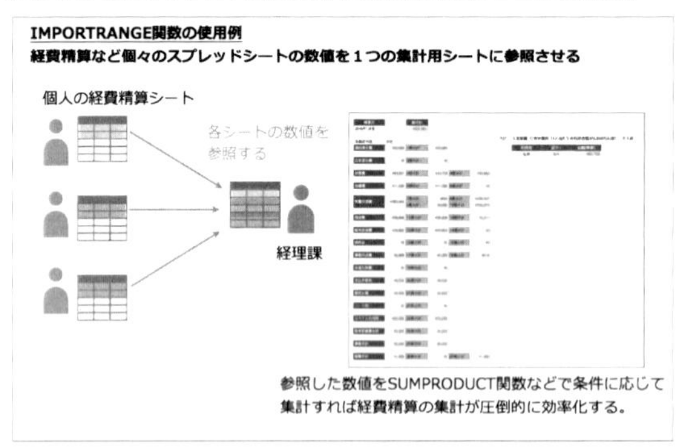

これらは集計をする上での基本的な計算式だが、その他にもGoogleスプレッドシートには、便利な関数がたくさんある。それらの関数は、スプレッドシートのタブのヘルプ内の「関数リスト」に記載されているので、このサイトの一覧を参考に利用してほしい。

ヘルプ：関数リスト

`https://support.google.com/docs/table/25273?hl=ja`

タイムリーに数値を把握できることのビジネスインパクト

このセクションのまとめ

Googleスプレッドシートを活用した仕事のスタイルで実現されるのは、すべての数値情報が共有され、タイムリーに現状を把握できるビジネス環境だ。時間と場所を超えるワークスタイルはビジネスの距離を変える。

時間がかかる業務からGoogleスプレッドシートへ変換しよう

Googleスプレッドシートの特徴である「共有」と、「同時編集」を活用すれば、あらゆる数値がタイムリーに共有され、状況を素早く把握できる仕組みを簡単に作ることができる。また関数を利用すれば、集計作業にかかる手間と時間が大幅に削減され、業務を効率化できる。

では実際にGoogleスプレッドシートでの運用を始める場合、まずどのような業務からGoogleスプレッドシートに移行していけばいいだろうか。

おすすめは、集計に時間がかかり、かつ重要な情報を集めるファイルからGoogleスプレッドシートに変換することだ。

一般的には売り上げ管理、在庫管理、請求書管理などの経理に関わる業務は、集計に時間がかかっているケースが多い。また会社の業績に直結し、営業戦略の立案など重要な判断にも関わっている。まずこれらの経理情報の集計業務をGoogleスプレッドシートの「共有」を使った方法に転換していこう。

使用するファイルの種類をExcelなどの従来使用していたタイプから

Googleスプレッドシートへ転換するとなると、現在使用しているフォーマットが使えなくなるのでは…と心配になるかもしれない。新しい形式のフォーマットを一から作成するとなると、多大な時間を要するのだから。しかしその心配は無用だ。Googleスプレッドシートへの変換作業は驚くほどあっさりと完了できる。

Excelなどの一般的な表計算ソフトを使って作られているファイルは、Googleスプレッドシートとしてクラウド上にアップロードするだけで、ほとんど自動的に形式が変換される。これが移行作業のスタートだ。既存のExcelファイルのほぼすべてが、そのままウェブ上でGoogleスプレッドシートとして利用できるのである。

すでに作成しているExcelのファイルをGoogleスプレッドシートに変換することで、これまで作成した表やグラフをGoogleサイトに埋め込むこともできる。

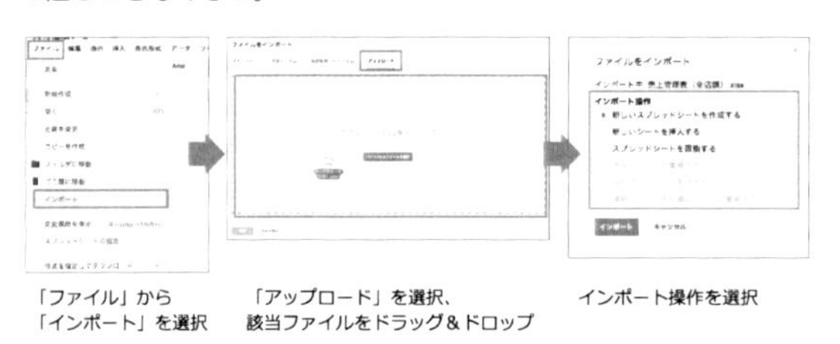

セルの結合状態、計算式、罫線、セルの背景色など、既存のファイルの体裁をほぼ保ったままGoogleスプレッドシートへファイル変換される。そのため手間をかけることなく従来の業務をGoogleスプレッドシート上へと移行でき、Googleスプレッドシートの運用をスムーズにスタートできる。

すべてをGoogleスプレッドシートに変換して運用するのもいいが、ボタンの配置などのインターフェースがこれまでと変わってしまうという問題もある。最初は慣れるまで、作業時間が少し多めにかかってしまったというケースも出てくるだろう。まず負担のかからない範囲でGoogle

Excelから Googleスプレッドシートへの変換例。変換精度は決して悪くない。ピボットやマクロ、複雑な関数や細かいグラフの色合いなどを除けば、十分許容できるものだろう。

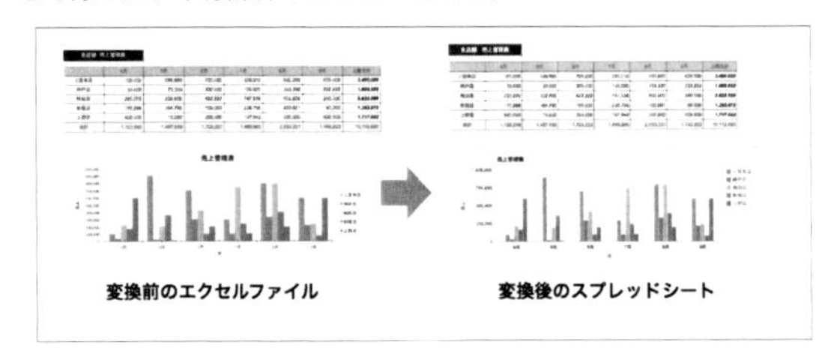

スプレッドシートで業務を行い、慣れてきたら一気にWeb上の作業へ移行するという柔軟なステップを設定し、移行期間をもつようおすすめしたい。

Googleハングアウトの併用でさらにスピードアップ

Googleスプレッドシートでの業務は、Googleハングアウトと併用すれば、さらにスピードが加速する。Googleハングアウトとは、Googleが提供するコミュニケーションツールで、チャットやビデオ会議・音声通話機能が利用できるWebアプリケーションである。

チャット機能の強みは、メールよりも気軽に、リアルタイムに相手と連絡を取ることができるスピード感だ。

せっかくGoogleスプレッドシートを使って業務を効率化しても、ファイルの共有を相手に知らせたり、データの入力や確認を依頼する際の軽微な「報・連・相」をいちいちメールでやり取りしていては、元も子もない。ファイルをメール添付で送受信する手間を減らしたのに、結局メールの送受信回数はほとんど変わっていない、ということになってしまう。

メールでのやり取りは文面にも気を遣う必要があり、対面でなら一言で済むような内容でも挨拶などを含め、結局長文になってしまった…。という経験、身に覚えはないだろうか？

チャットを使えばその問題を解決できる。まるで対面での会話と同じように、隣に声をかけるように気軽にコミュニケーションができ、時候の挨拶や長々と日頃の感謝・御礼を述べる必要もない。伝えたい内容だけを気軽に、ダイレクトに発信できるツールなのだ。

チャットでのコミュニケーションとWebミーティングが統合しているGoogleハングアウト。メールや電話とは違う、新しいコミュニケーションツールだ。

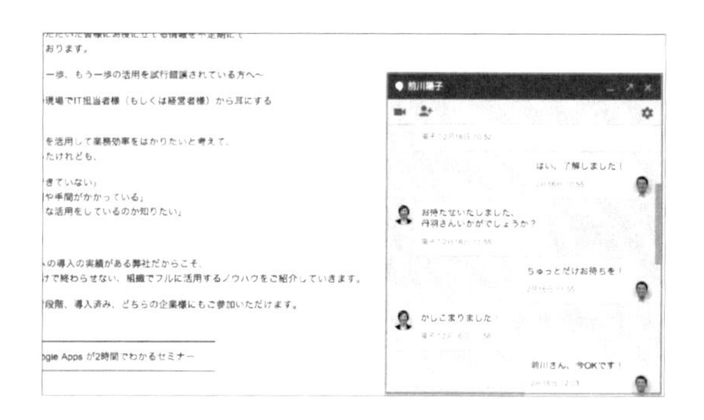

たとえば、Googleスプレッドシートで作成したファイルへデータの入力を依頼する際や、入力したデータの確認依頼などの軽微なコミュニケーションにはGoogleハングアウトのチャット機能を利用してみよう。「入力をお願いします」「ご確認願います」と短いやり取りを繰り返せばいいので時間も手間も省け、とてもシンプルになるのを感じられるはずだ。

メンバーを増やしてグループチャットを作成すれば、一斉送信メールの必要もなくなるし、多人数での議論もできる。チャットでは説明が難しいと感じれば、すぐにビデオ通話に切りかえて直接会話することもでき、必要に応じた円滑でスピーディーなコミュニケーションが実現する。

Googleハングアウトはマルチデバイスのアプリケーションなので、会話の途中でスマホからパソコンなどへ環境が変わっても、そのままチャットや会話を続けることができる。オフィスでの事務作業中、移動中など、いつでもどこでも快適に利用できる。

さらに、過去のチャット内容は記録されており、キーワードをもとに検索することもできる。「注意喚起された問題」や「重要な変更点について」など、再度目を通しておきたい事柄をさかのぼって検索し、簡単に確認できる。

仕事やプロジェクトの進捗をさらにスムーズにするために、チャット機能をはじめとしたGoogleハングアウトでのコミュニケーションをGoogleスプレッドシート運用の際には、ぜひ組み合わせて活用してほしい。

最小の設備投資で情報をいつでもどこでも管理する

Googleアプリケーションを連携すれば、スプレッドシートを活用した数値データなどの「情報のリアルタイム共有システム」や、Googleハングアウトを使った「コミュニケーションの促進」など、前向きな変化が次々と社内にもたらされることだろう。

特筆すべきは、これらの実現に設備投資がほとんど不要だということである。

今までなら業務システムを導入するとなると、自社で数十億から数百億円の設備投資をしてシステムを作成または購入し、サーバーやネットワークなどのインフラを整備する必要があった。高度なシステムであるほど投資は高額となり、導入できるのは大企業と呼ばれる一部の会社のみ。

また社内ネットのシステムを構築できたとしても、利用できるサービスや業務の環境が限られており、「いつでもどこでも気軽にメールを見られる」ことすら難しく、とくに「リアルタイムでの情報共有」などは、ほぼ実現不可能であった。

しかしGoogleのクラウドサービスの登場により、これらの状況は一変した。

その恩恵は大きい。「スピーディーな情報共有」「あらゆる情報の集積・整理の自動化」「臨機応変で快適なコミュニケーションシステム」といった最新鋭のビジネス環境を構築するのに、設備投資がほぼ必要なくなったのだから。

ビジネス環境における大企業と中小企業の格差は社内ネットシステムにおいてはほぼ取り払われ、新しい時代に突入したといえるだろう。

今後はこのような革新的なシステムがリリースされるたびに、いち早く導入し、適切に使いこなせるか否かで企業としてのビジネス判断の迅速さや正確性にまで影響が及ぶかもしれない。

クラウド型アプリケーションの普及に加えて、それらのアプリケーションを利用するためのモバイル機器の普及も著しい。クラウドにデータを保管するワークスタイルを確立すれば、個人の仕事も時間と場所を選ばず、これまでと比べ圧倒的なビジネススピードを実現できるのである。

そのことが個人の生産性だけでなく、良好なワークライフバランスの実現にも一役買うに違いない。

時間と場所を選ばないワークスタイルはビジネスに大きなインパクトをもたらす。

いくつか実例をあげてみよう。

まず、海外での事業展開におけるクラウドアプリケーションの活用例だ。

海外で事業を展開する場合、いかに日本で蓄積しているノウハウなどの情報を海外拠点と共有するかが重要だ。海外拠点の現状をできるだけ正確に、リアルタイムで国内拠点と共有し、スピーディーな改善を施すことも必要となるだろう。

情報がクラウドでいつでもどこでも共有される仕組みを確立していれば、「検討・判断・指示」等に遠距離ゆえの情報の歪みが影響しにくくなる。その結果、日本でも海外でもそれほど変わらない環境で事業を推進することができる。

筆者の所属する従業員15名程の国内企業では、2014年よりタイで現地法人を設立し、海外事業の展開を開始した。タイで雇用したスタッフと日本国内のスタッフは、Googleスプレッドシートなどを通じてさまざまな情報を共有し、必要に応じてGoogleハングアウトでコミュニケーションを取っている。

スタートアップの時点からほとんど同じ情報を現地と共有したことで、新しいスタッフに仕事の内容や顧客のイメージが伝わりやすくなり、日本人スタッフとのコミュニケーションも活性化された。

次に、女性が働きやすい職場づくりにおける活用例を紹介しよう。女性は結婚・出産・育児などで一時的に休暇を必要としたり、勤務時間が制限されるケースが多い。場合によっては離職を選択してしまうこともある。しかし優秀な女性にはできるだけ長く活躍し、会社に貢献してほしい。もしクラウドでの情報共有システムによって、いつでもどこでもフレキシブルに働ける環境が整備されていれば、会社としてひとりひとりの状況に合わせた働き方を提供することができる。

また、Googleハングアウトなどで日頃から社内とコミュニケーションを緊密にとっていれば、休暇中でも会社とゆるく繋がり続けることができ、疎外感を受けにくくなるだけでなく、スムーズな職場復帰にもつながる。

自分の都合に合わせて、「今、会社で何が起こっているか」を知ることができる環境を整備し、引き継ぎ後もしばらくは業務ファイルを共有するなどしてサポートし合う体制を作っておけば、安心して休み、復帰することができる。 自分たちの職場環境をよりよくするためのツールとしてGoogleスプレッドシートなどを活用し、新しいクラウド型ワークスタイルを目指してほしい。

Googleアプリケーションを正式に導入するとなると、社内の機密情報をGoogleのデータセンターに預けるという点でセキュリティーの心配をする向きもあるかもしれない。機密データの漏洩あるいは紛失が企業に与えるダメージは極めて重大だ。

Googleはこの面にも非常に力を入れており、Googleアプリケーションはどれも最初からセキュリティーを念頭において開発されている。大切なデータを世界各地に分散されたデータセンターに分散保管することで、漏えいや紛失を防ぎ、大災害でのデータ損失リスクも低減する。

Googleはこの分散データセンターの運営において、世界有数のネットワークを保持しており、サーバー上のデータと知的財産の保護にあらゆる手段を講じている。最先端のテクノロジーだけでなく、専任のセキュリティーオペレーションチームを置き、人的にもシステムのセキュリティー維持が24時間体制で監視されている。

全世界で500万社以上が利用するこれらのセキュリティー管理システム、プライバシー保護のポリシーなどは、世界でもっとも厳しいセキュリティー監査基準である「ISAE 3402 Type II」や「SSAE 16」の認定を受けている。

さらに、企業版のG Suiteについては、「ISO 27001」「ISO 27017」「ISO 27018」などの認定も取得している。「ISO 27001」は、国際的に最も広く活用されている情報セキュリティー規格であり、今後G Suiteユーザーの増加をさらに加速させる鍵となるだろう。

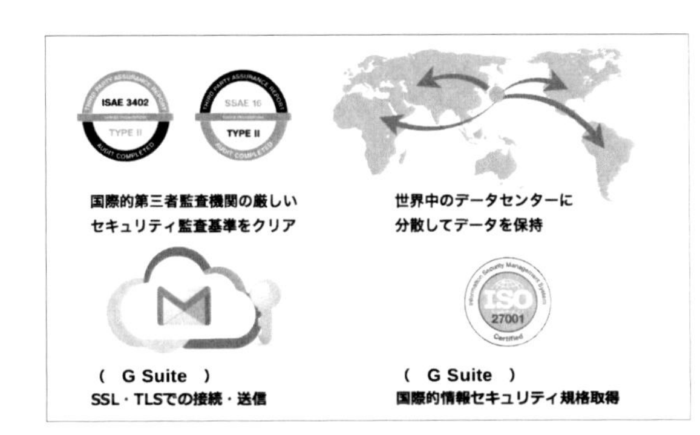
ISAE 3402
TYPE II
SSAE 16
TYPE II
国際的第三者監査機関の厳しい
セキュリティ監査基準をクリア
世界中のデータセンターに
分散してデータを保持
ISO
27001
Certified
（　G Suite　）
SSL・TLSでの接続・送信
（　G Suite　）
国際的情報セキュリティ規格取得

Googleスプレッドシートで仕事を見直す

Googleスプレッドシートに向いている仕事とは

このセクションのまとめ

Googleスプレッドシートの「同時編集」機能を使うことで、時間がかかっていた情報共有を大幅に加速することができる。まず、これまでの集計業務をGoogleスプレッドシート形式に置き換え、そのスピード感を体験してほしい。

「シフト管理」業務に活用して大幅に電話回数を削減

Googleスプレッドシートに移行することによって、より効率やスピードが上がる業務にはどんなものがあるだろうか。

店舗スタッフのシフト管理はGoogleスプレッドシートの特徴である「共有」と「共同編集」が効果を発揮する仕事の一つである。

店舗を運営している店長は月間の勤務希望を複数のスタッフに電話やメール、メモなどで確認し仮のシフト表を作成する。この業務は表計算ソフトを使って行うケースが多い。

作成した仮のシフト表をスタッフへメールで送信して、仮シフトをスタッフ全員が確認。その後、スタッフからの変更希望を元に修正したシフト表を、再度メールに添付して送信する。

このようなやり取りを何度も繰り返してシフト表が完成する。シフトが運用されている最中でも、スケジュールが変更されるたびにこのやり取りを繰り返すことになる。

ひたすらシフト表の修正、送付、返送、集計、再送が繰り返される。シフト管理者とスタッフの間には常時、メールでシフト表が飛び交うことになる。非常に非効率だが、これまでの環境でシフト管理を効率化しようとしても、このあたりが限界だろう。

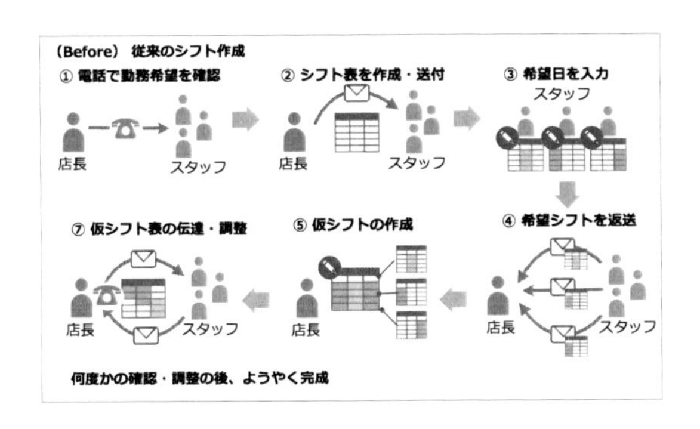

Googleスプレッドシートでのシフト管理の強みは、大きく次の4点にある。

- **効率的に希望日程を集められる**
- **更新に強い**
- **一元管理が可能**
- **いつでもどこでも確認できる**

シフト管理をGoogleスプレッドシートに置き換えると、まずメールのやりとりが不要になる。全員がGoogleスプレッドシートで作られた「共有シフト表」にアクセスできるからだ。

シフト管理をしている担当者は、共有シフト表をGoogleスプレッドシートで作成し、スタッフ全員にオンライン上で希望日程を直接書き込んでもらう。各スタッフが入力したら、運営に影響がないシフトになるように管理者が調整して、シフトが完成する。これまでのように電話やメールで何度もスタッフ本人に確認する作業がほとんどなくなる。

また、スケジュールの調整をする場合も、管理担当者が変更したシフト表をスタッフ全員が確認し、要望があればコメント機能などを使って変更を依頼すればいい。直接管理者だけに相談したい場合はGoogleハングアウトを活用するのもいいだろう。

シフト管理の担当者は、毎日、明日のシフト予定をメールで送っているケースも多いだろう。共有シフト表ならその作業もなくなる。

Googleスプレッドシートで作られた共有シフト表は常に最新の状態に更新され、スタッフ全員がいつでもどこでも最新のシフト表を確認できる。

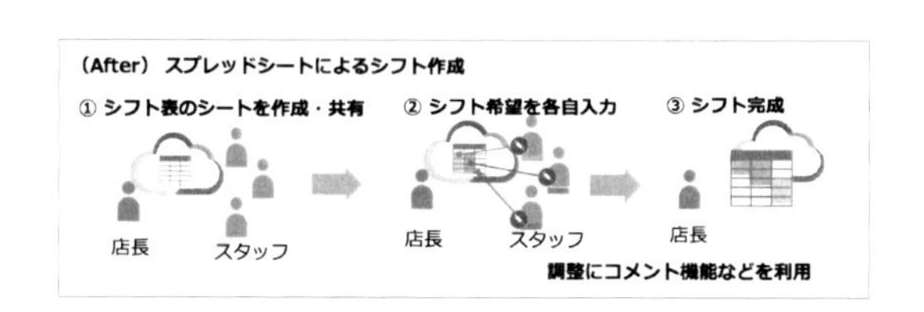

このように、Googleスプレッドシートは、複数の人間と煩雑なやり取りが行わるシフト表作成のような業務に向いている。大幅な効率化とスピードアップを達成し、働くスタッフの環境をより便利なものに改善できる。現在Excelなどの表計算ソフトを使ってシフト管理をしている担当者は、ぜひ一度「共有シフト表」を試してもらいたい。

「共有稟議書」でプロジェクトをスピードアップする！

どんな会社でも存在するのが「稟議書」や「○○申請書」といった申請書類などを各部門間で回覧し、関係者が捺印やサインをする業務フローだろう。このような「回覧」「報告」「確認」といった業務にGoogleスプレッドシートは適している。

たとえば、稟議申請をする場合、特定のフォーマットの紙を印刷して手書きで申請内容を記載し、上司に提出する。上司は内容を確認したうえで問題なければ承認のサインをして書類を管理部門に提出する。同時に管理部門を通じて、または直接申請者本人に稟議の結果を伝える。

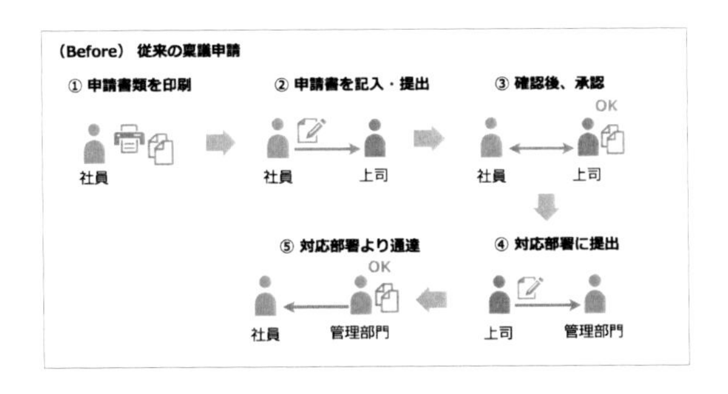

稟議申請の第一ステップだけを考えても、このように紙の書類が何度も人の間を行き交うこととなる。内容や金額によっては複数の部署に承認が必要な場合もある。その場合、手続きはさらに複雑化する。

すべてが紙でのやり取りであれば、稟議申請を確認できるのは事務所に在席しているときだけ。申請日に上司が出張中なら、それだけで承認まで何日もかかることもある。複数の部署への申請ならばさらに時間を浪費してしまう。

この業務をGoogleスプレッドシートで置き換えてみよう。

まず、Googleスプレッドシート上に「共有稟議書」を作成する。といっても、今までExcelなどで作成していた稟議書のフォーマットをそのまま使っていい。稟議用に申請内容を記載する部分と承認や否決の内容を記載する部分が準備されたファイルを作成するのだ。

ここで活躍するのがGoogleスプレッドシートの通知機能だ。Googleスプレッドシートは誰かがスプレッドシートにデータを記載するなど、特定の条件に当てはまる場合、記載があったことを自動で通知する機能がある。先程作成した「共有稟議書」に稟議申請の希望者が内容を記載すると、決裁者である上司に記載があったという通知がメールで届く。

このファイルにはいつでもどこからでもアクセスできるので、上司はすぐに内容を確認し、決裁を行うことができる。内容に問題があれば、

稟議申請をスプレッドシートで行う例。フォーム経由でスプレッドシートに追加記載が入ると承認者に通知が入る仕組みだ。後述のGoogle Apps Scriptを使用することで、承認した時点で自動的に申請者に承認結果のメール文を送付することも可能だ。

申請書一覧

番号	西暦	月	日	内容				申請者	結果	承認日	承認者
190	2015	2	17	セキュリティカード申請	第1ビル	A102364	営業第1	駒川******	承認	2015/02/17	小林
191	2015	2	17	モバイル端末申請	第1ビル	A102355	営業第4	石井******	承認	2015/02/18	田中
192	2015	2	17	モバイル端末申請	第1ビル	A102356	企画推進	山下******	承認	2015/02/18	小林
193	2015	2	17	モバイル端末申請	第1ビル	A102357	営業第1	近藤******	承認	2015/02/18	田中
194	2015	2	18	セキュリティカード申請	第2ビル	A102347	営業第1	河合******	承認	2015/02/18	小林
195	2015	2	18	モバイル端末申請	第1ビル	A102348	営業第4	吉田******	承認	2015/02/18	小林
196	2015	2	18	セキュリティカード申請	第1ビル	A102349	営業第4	石田******	承認	2015/02/18	小林
197	2015	2	18	モバイル端末申請	第1ビル	A102356	企画推進	林******	承認	2015/02/18	田中
198	2015	2	18	モバイル端末申請	第1ビル	A102357	営業第1	今野******	承認	2015/03/02	小林
199	2015	2	27	セ[illegible]					承認	2015/03/02	田中
200	2015	3	1	セ[illegible]					承認	2015/03/02	小林
201	2015	3	3	モ[illegible]					承認	2015/03/02	小林
202	2015	3	4	セ[illegible]					承認	2015/03/05	田中
204	2015	3	10	セ[illegible]					承認	2015/03/10	小林
203	2015	3	10	セ[illegible]					承認	2015/03/10	田中
205	2015	3	18	セ[illegible]					承認	2015/03/10	小林
206	2015	3	31	セ[illegible]					承認	2015/04/03	小林
207	2015	3	31	セ[illegible]					承認	2015/04/03	田中

通知ルールの設定

ヘルプ

次の場合に niwa@street-smart.co.jp に通知する...

変更が入ったとき

ユーザーがフォームを送信したとき

通知方法...

メール - 1日1回

メール - その都度

保存 キャンセル

コメントで指示を行う。

紙が不要になるだけでなく、申請者も決裁者も時間と場所を選ぶことなく稟議申請に関する業務ができるようになる。すべての関係者が同じファイルに同時にアクセスし、変更すればすぐに上司にメールが届く。Googleスプレッドシートならではの業務フローといえるだろう。

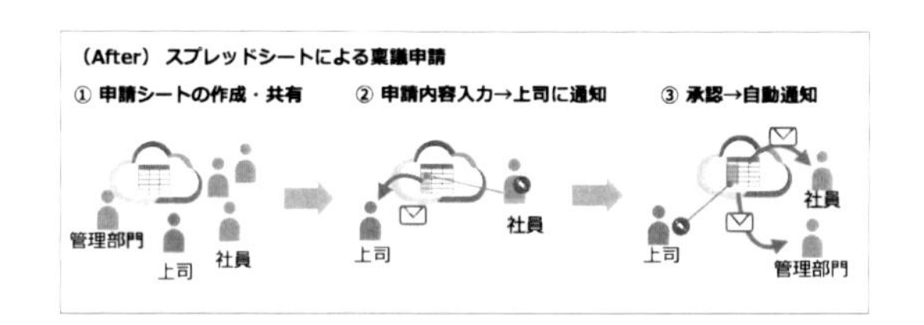

複数の部署による承認プロセスが必要な場合でも同様だ。稟議で申請された内容はすべて1つのファイルで管理され、いつでもそのファイルにアクセスすることで内容を確認できる。時間と場所を選ばずに稟議申請ができるようになることで、会社全体の業務の処理スピードが格段にアップする。

Googleフォームを組み合わせてさらに業務を効率化する

Googleスプレッドシートを使った共有稟議書は、Googleフォームを組み合わせることでさらに利便性を増す。

Googleフォームとは、ウェブ上でアンケートフォームの形式でデータ入力できる仕組みを作るWebアプリだ。これまでこのような入力フォームを作成するにはWebの専門知識が必要だったが、Googleフォームは極めて簡単。Googleスプレッドシートにデータを入力するのと同じようにフォームを作成できる。

このフォームは、見た目もシンプルで、データの入力が選択式にできるため入力が容易になる。特にパソコン以外のモバイル端末などを使っている場合に効果を発揮する。このフォームに入力されたデータはそのままGoogleスプレッドシートに登録される。

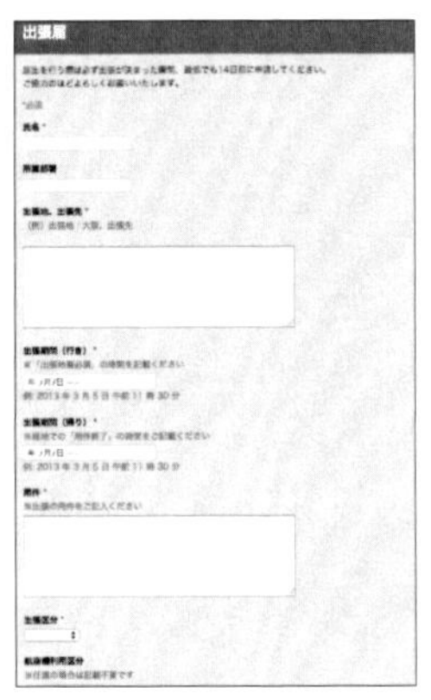

出張届のフォーム

休暇申請のフォーム

「共有稟議書」の例でいえば、Googleスプレッドシートにアクセスする必要がなくなる。パソコンだけでなく、スマホやタブレットなどの端末からGoogleフォームで作られた入力画面にアクセスし、必要項目に記入するだけで申請が完了する。入力した内容は、そのまま共有稟議書に記入され、上司に通知が届く。

モバイルから業務日報を入力するシーンは、帰社最中の電車の中などがイメージしやすいだろう。

「共有稟議書」の考え方は、他の業務報告にも応用できる。稟議書と同じ方法で、業務報告用のGoogleスプレッドシートとGoogleフォームを作成すればいいのだ。

日付、氏名、実施した業務内容、所感などの項目を設定し、業務を終えたスタッフはフォーム上で業務報告を入力し、その日の仕事が完了する。オフィスにいなくても、ネット環境があればスマホやタブレットで報告できる。

事務所に戻ってわざわざ業務報告のレポートを書く必要がなくなり、外出途中で事務所に戻ってこなくてもよくなる。事務所に戻る時間をなくすことで、仕事をできる時間を増やす、または残業時間を減らすことができる。

フォームはもちろんどんな端末からでも入力可能だ。事務所でしかできない作業というものがほとんどなくなり、いつでも業務データを入力できる。

社外とのメールのやり取りも「共有」で効率化する

Googleスプレッドシートを活用することで社内での煩雑なやり取りを減らせる例を紹介したが、他社とのやり取りでも同じ効果を得られる。

たとえば、売り上げ管理や請求書一覧などの経理に関連するファイルをGoogleスプレッドシートで管理すれば、税務に関するデータを顧問の税理士と共有することができる。不明点があれば、税理士はファイルにアクセスすることで最新の情報を確認すればいい。税理士と経理担当は、確認に費やす時間を省くことができる。

最新の情報に不明点があるときは、Googleスプレッドシートの「コメント」機能を利用する。場所を指定し、質問内容をコメントすればいい。税理士からのコメントを確認した経理担当者がコメントに返信することで問題は解決する。

同様に勤怠管理などのファイルを顧問の社労士と共有すれば、社労士はいつでもファイルが確認できるようになる。不明点はコメント機能を

上司と管理者がスプレッドシートのコメントで確認し合う例。名前リンク付きでコメントするとそのスタッフにメールの通知も飛ばすことができる。

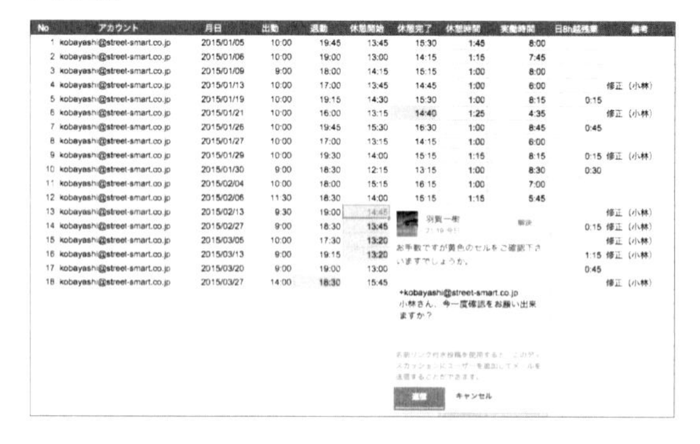

No	アカウント	月日	出勤	退勤	休憩開始	休憩完了	休憩時間	実働時間	日8h超残業	備考
1	kobayashi@street-smart.co.jp	2015/01/05	10:00	19:45	13:45	15:30	1:45	8:00		
2	kobayashi@street-smart.co.jp	2015/01/06	10:00	19:00	13:00	14:15	1:15	7:45		
3	kobayashi@street-smart.co.jp	2015/01/09	9:00	18:00	14:15	15:15	1:00	8:00		
4	kobayashi@street-smart.co.jp	2015/01/13	10:00	17:00	13:45	14:45	1:00	6:00		修正（小林）
5	kobayashi@street-smart.co.jp	2015/01/19	10:00	19:15	14:30	15:30	1:00	8:15	0:15	
6	kobayashi@street-smart.co.jp	2015/01/21	10:00	16:00	13:15	14:40	1:25	4:35		修正（小林）
7	kobayashi@street-smart.co.jp	2015/01/26	10:00	19:45	15:30	16:30	1:00	8:45	0:45	
8	kobayashi@street-smart.co.jp	2015/01/27	10:00	17:00	13:15	14:15	1:00	6:00		
9	kobayashi@street-smart.co.jp	2015/01/29	10:00	19:30	14:00	15:15	1:15	8:15	0:15	修正（小林）
10	kobayashi@street-smart.co.jp	2015/01/30	9:00	18:30	12:15	13:15	1:00	8:30	0:30	
11	kobayashi@street-smart.co.jp	2015/02/04	10:00	18:00	15:15	16:15	1:00	7:00		
12	kobayashi@street-smart.co.jp	2015/02/06	11:30	18:30	14:00	15:15	1:15	5:45		
13	kobayashi@street-smart.co.jp	2015/02/13	9:30	19:00	14:45					修正（小林）
14	kobayashi@street-smart.co.jp	2015/02/27	9:00	18:30	13:45				0:15	修正（小林）
15	kobayashi@street-smart.co.jp	2015/03/05	10:00	17:30	13:20					修正（小林）
16	kobayashi@street-smart.co.jp	2015/03/13	9:00	19:15	13:20				1:15	修正（小林）
17	kobayashi@street-smart.co.jp	2015/03/20	9:00	19:00	13:00				0:45	
18	kobayashi@street-smart.co.jp	2015/03/27	14:00	18:30	15:45					修正（小林）

使って解決する。

このように社内だけでなく、社内と社外をつなぐ業務についても、関連ファイルをGoogleスプレッドシートで共有することで、煩雑なやり取りは減り、業務は飛躍的に効率化する。

モバイル端末でGoogleスプレッドシートを利用する

このセクションのまとめ

Googleスプレッドシートはスマートフォンやタブレットで使えるモバイルアプリも提供されている。場所を選ばないワークスタイルを実現し、さまざまな現場での業務効率化を実現しよう。

モバイル端末の利用でさらに効果を発揮するGoogleスプレッドシート

GoogleのWebアプリケーションはすべてクラウド型で提供されており、さまざまな端末からアクセスできる。Webにアクセスするブラウザーソフトさえあればよく、汎用性が高い。最近はモバイル機器の進化が著しく、スマートフォンやタブレットからもGoogleのWebアプリケーションを利用できる。

とくにスマートフォンには、Googleの専用アプリが多数提供されており、Googleスプレッドシートのアプリもある。

このことは、電波さえあれば、時と場所を選ばずに仕事ができるということを意味する。さまざまな現場での業務にGoogleスプレッドシートを取り入れると、どのよう変化が起きるだろうか。

ひとつの例は、先に述べた勤務シフトの作成だ。複数のスタッフによる希望シフトの入力や最新の勤務シフトの確認、業務報告などの報告業務の入力、申請依頼のデータ入力がスマートフォンで行える。

営業マンはGoogleスプレッドシートに登録されている顧客情報を確認することができ、建築関連のスタッフは、建築スケジュールの確認をしながら現場の業務を進めることができる。情報を受け取るだけではなく、必要に応じて情報を更新することができるので、オフィスで仕事をしている人にも常に現場で変更された情報をタイムリーに確認できるメリットがある。

最新のモバイル機器を利用すれば、オフィスと仕事の現場でほとんど変わらない情報を共有しながら仕事ができる。従来とは次元の違うスピード感だ。

GoogleのWebアプリケーションはすべてインターネット上で機能するため、こうしたモバイル環境でもっとも優れたパフォーマンスを発揮する。今やモバイル端末を使って業務をする姿は当たり前の光景だ。

プロジェクト管理などでいつでも進捗が確認できる

プロジェクト管理表をGoogleスプレッドシートで作成して、プロジェクトごとに仕事を管理しながら仕事を進めれば、メンバーが同じ場所にいる必要はなくなり、仕事がスムーズに進む。

メンバーがモバイル機器を持ち、常に最新の進捗状況を入力すれば、プロジェクトの進行具合を全員で共有できる。どこかに遅れている部分があれば、すぐにほかのスタッフがサポートに入るなどの協力体制もつくりやすい。

プロジェクトごとに必要なメンバーで情報を共有することで、さまざまなプロジェクトを同時に進めることが可能になる。

プロジェクト管理のガントチャートをスプレッドシートで作成して運用している例。常に進捗を「見える化」できる状況は、チームのプロジェクト進行・情報共有をスムーズにするだろう。

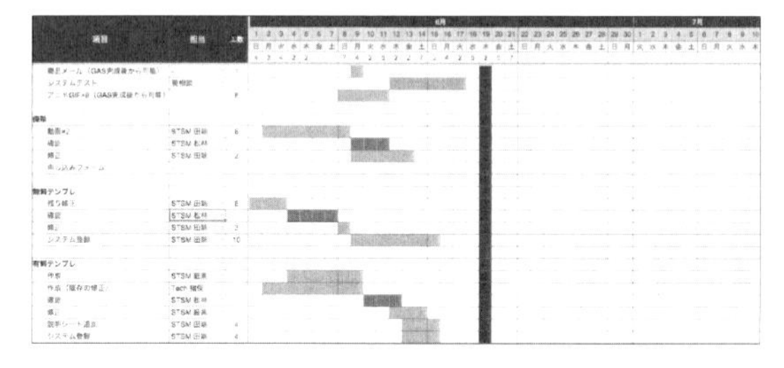

安全に利用するためのセキュリティー対策

クラウドの利用は、仕事に驚異的なスピードをもたらす反面、情報漏洩のリスクを伴う。常にセキュリティー対策が大切になる。

GoogleのWebアプリケーションを利用するためには、IDとパスワードを入力してログインする必要がある。

とくに、他のアプリなどと同じパスワードを利用することは避けるべきだ。最近、さまざまなサービスのパスワードが盗まれる事件が多発している。盗まれたパスワードをGoogleのサービスでも使っていたら、そのままログインされる危険がある。セキュリティー対策の第一歩だ。

また、Googleアカウントのログインについては、無償版のアカウントでも安全性を高めるために2段階認証を利用できる。2段階認証とは、1つのパスワードだけではログインできず、スマホなど決まった特定の端末で生成したパスコード（6桁の数字で、その都度更新される）を入力しないとログインできない仕組みだ。パソコンを新規に導入したり、タブレットを買うなど新しいデバイスを追加する際に必要になる。

企業版の有料サービスであるG Suiteを使えば、必要に応じて2段階認証の有効化と無効化を制御できる。さらに、誰が2段階認証を使っているかも監視できるので、より安全性が高まる。ログインできる端末を制限する「MDM（モバイルデバイスマネジメント）」というモバイル機器の管理機能もある。

まず、パスワードを流用しないこと。そしてログインのセキュリティーを強化すること。基本的なことだが、情報漏洩を防ぐために必ず守るようにしよう。

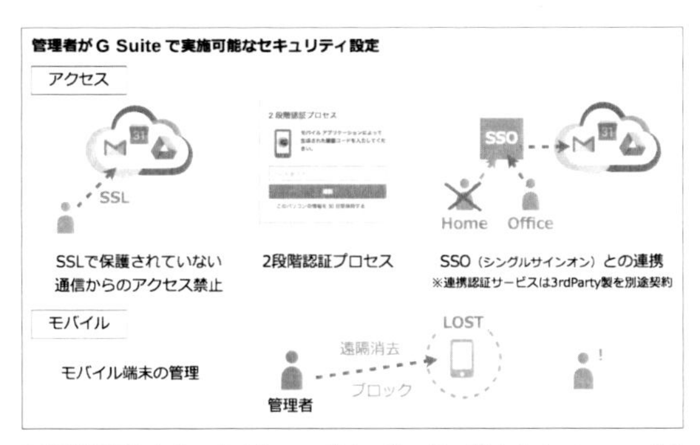

2段階認証を有効にすると、ログイン後、更に暫定的なパスワードを求められる。この暫定パスワードはモバイル端末で認証されたアプリを通じて入力することになるため、パスワードが漏れただけでは第三者が容易にログインできない仕組みとなっている。

もうひとつ、重要なことは、情報の共有は最低限のメンバーに限るこ

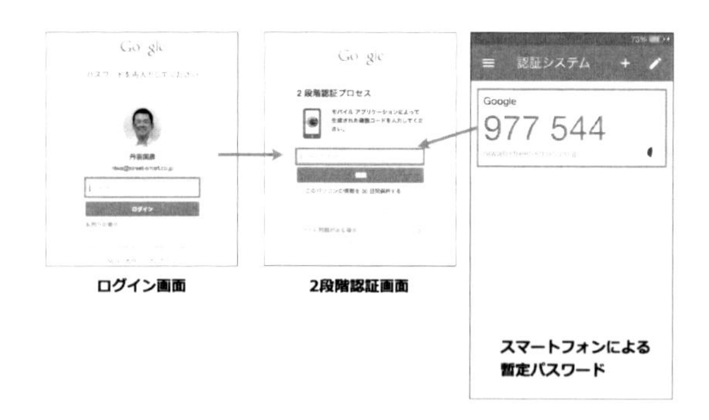

とだ。Googleスプレッドシートでは、ファイルごとに共有設定が可能である（プロローグ参照）。

必要な情報を必要なメンバーだけで共有することが大切だ。とはいえ、情報の共有を遮断すればスピードが落ちてしまう可能性がある。社内はできる限り情報をオープンにし、社外とのやり取りは注意深くするなどの取り組みが必要である。

G Suiteを使えば、組織外の人と情報共有を制限したり、データをダウンロードさせないといった設定も可能だ。

かかわる人数が多ければ多いほど、ルールだけの運用は難しくなるため、提供されているセキュリティーのレベルが高いサービスを利用したい。

Google Apps Scriptで、もっと業務を自動化する

このセクションのまとめ

Google Apps Script機能を活用すれば、同時編集で効率化された業務をさらに効率化することができる。他のGoogleアプリと連携させることも可能で、簡単なWebアプリケーションも構築できる。

決まった文章のメール返信は自動化する

業務効率化の応用編として、Google Apps Scriptを紹介する。

この機能を使えば、JavaScriptをもちいて、Googleスプレッドシートのさまざまな動作を自動化できる。

簡単にいうと、ソフトウェアのマクロ機能のようなものだ。

Google Apps Scriptを使えば、繰り返しで行われる作業を自動化し、業務を効率化できる。たとえば、アンケート。Googleフォームを使って氏名やメールアドレスの情報を入力してもらい、データをGoogleスプレッドシートに蓄積しているとしよう。

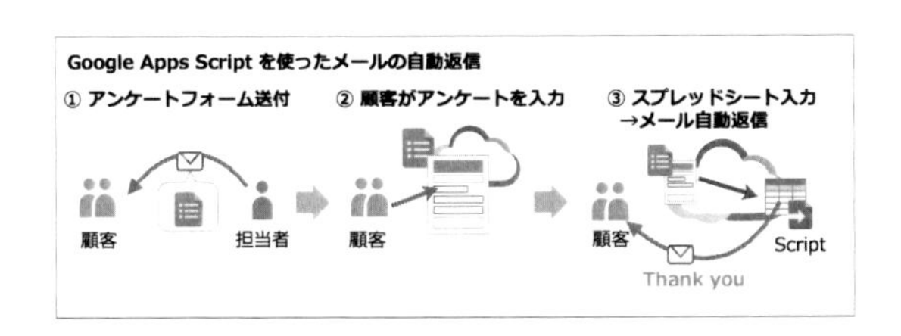

Googleスプレッドシートを管理している担当者が、いちいちメールソフトを立ち上げ、アンケートにデータを入力してくれた人に1人ずつ御礼のメールを送っているとしたら、かなりの手間である。ひとりずつGoogleスプレッドシートに記載してあるアドレスをコピー&ペーストして、本文も書かなければならない。

Google Apps Scriptを導入すると、御礼メールの返信を自動化できる。『Googleスプレッドシートの特定の列にデータが入力された場合、そこに入力されているアドレスに、あらかじめ作成しておいたメール文章を送信する』というスクリプトを書けばいい。

これで担当者はいちいちGoogleスプレッドシートを確認して、メールを送信しなくてもいい。毎日少しずつの手間かもしれないが、蓄積すれば大きな負担となる業務から開放されるのだ。

今までExcelなどの表計算ソフトのマクロを使って事務の自動化を行ってきたケースも多いだろう。だが、Googleスプレッドシートで実現できるのは単純な自動化だけではない。GmailやGoogleカレンダーなどGoogleの他のサービスと連携し、データを共有する新しいワークフローを構築できる。

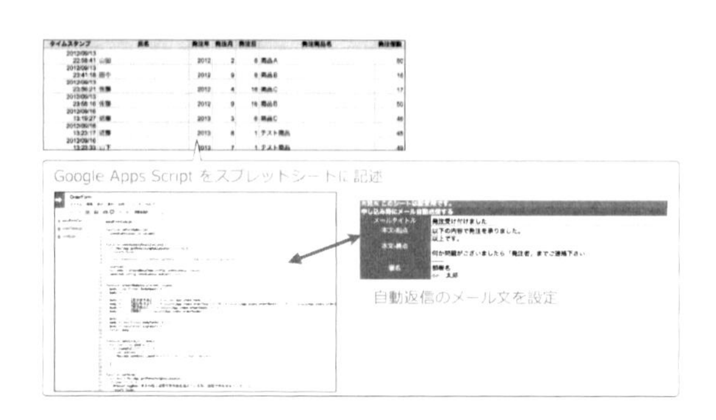

Google Apps Scriptを利用するには、Googleスプレッドシートが保存されているGoogleドライブの画面上で左上の「新規」ボタンから「＋アプリを追加」を選択し、Google Apps Scriptのアプリを選択する。

Google Apps Scriptを利用すれば、他にもGoogleのいろいろなサービスをつなぐことができる。各サービスのハブとしてGoogleスプレッドシートを利用するのだ。

Webアプリケーションを使って業務を自動化しよう

Google Apps Scriptを使えば、たんに機能の連携をさせるだけでなく、簡単なwebアプリを作成することも可能だ。

たとえば、Google Apps Scriptで作成した勤怠管理のWebアプリケーションでは、出勤、退勤、休暇などの情報をわかりやすい画面で簡単に入力できる。データは自動的にGoogleスプレッドシートに蓄積され、関数で集計すればスタッフ別の労働時間が自動的に作成される。

同様のシステムはクラウド型のサービスとして提供されているが、複雑な仕様が必要なければGoogle Apps Scriptで開発し、運用コストをかけず利用することができる。

Google Apps Scriptで効率化される業務は他にもある。

たとえば、Googleカレンダーと連携したGoogleスプレッドシート上のイベント一覧と、Googleカレンダーに登録された予定を常に同期する。Googleドキュメントで作った上司への報告書と、グループ全員の報告一覧シートを連携する。Googleカレンダーで予約された機材の貸し出しスケジュールから、稼働時間をGoogleスプレッドシートにリスト化する。

Googleスプレッドシートを使えば、低コストで手軽に業務を自動化できる。データを集計するだけの表計算ソフトからは卒業しよう。

Googleスプレッドシートを仕事で使う！事例集

「シフト管理」に費やす時間を大幅に削減

この事例のポイント

Googleスプレッドシートで勤務シフトを共有することで、「シフト」ができるまでのやり取りを効率化し、スピードだけでなく伝達ミスによる混乱を改善できる。実際に業務で改善がもたらされる事例を見てみよう。

「シフト管理」を紙からGoogleスプレッドシートへ

20人が働いている歯科医院において勤務シフトの作成はとても重要な業務である。歯科医師、歯科衛生士、歯科助手など多職種のスタッフがが在籍しているが、誰がいつ勤務するか、担当者が各スタッフに連絡を取りながら勤務シフトを確定させなければならない。

これまではシフト表を紙で作成していた。紙のシフト表は、情報伝達手段として運用することが難しい。その紙がある場所に行き自分で確認するか、シフト作成の担当者に電話やメールで確認しないといけない。必然的に担当者は電話やメールのやり取りが増えてしまい、シフト作成のための調整に大きな労力がかかってしまう。

そこで、伊藤歯科クリニックではシフト表の作成をすべてGoogleスプレッドシートに切り替えた。シフト表は常にクラウド上で共有、更新されている。自分のシフトを確認する場合は共有ファイルを見ればいいので、

電話やメールでやり取りする回数が減り、業務の負担が一気に減った。

クリニック内で実際に使用されているシフト管理表。シフトを調整するとき、調整できる期間中のみスタッフ全員に編集権限が付与される運用で、共有権限を上手く利用している。さらにGoogle Apps Scriptによって確定シフトをスタッフのカレンダーに自動入力することも可能だ。

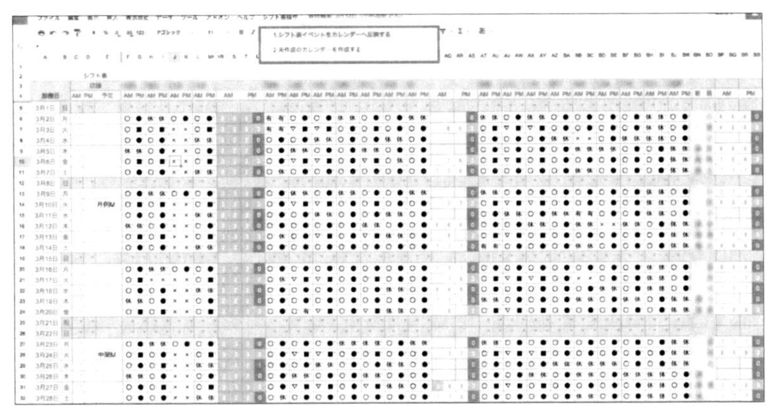

スタッフの勤怠管理もGoogleスプレッドシートで自動化している。勤怠打刻システムからCSVを抽出して反映させる仕組みだ。

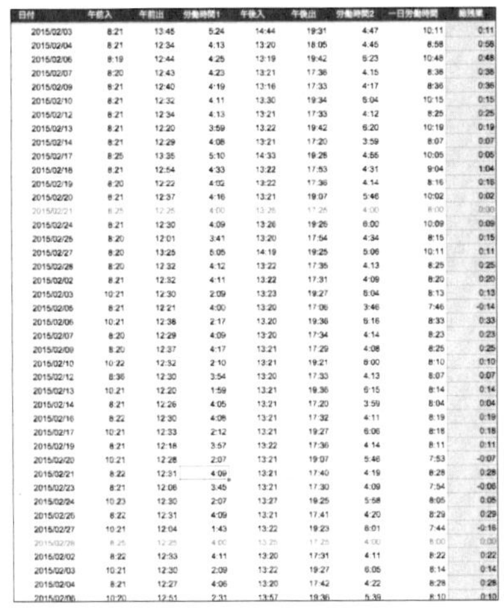

日付	午前入	午前出	労働時間1	午後入	午後出	労働時間2	一日労働時間	総残業
2015/02/03	8:21	13:45	5:24	14:44	19:31	4:47	10:11	0:11
2015/02/04	8:21	12:34	4:13	13:20	18:05	4:45	8:58	0:58
2015/02/06	8:19	12:44	4:25	13:19	19:42	6:23	10:48	0:48
2015/02/07	8:20	12:43	4:23	13:21	17:36	4:15	8:38	0:38
2015/02/09	8:21	12:40	4:19	13:16	17:33	4:17	8:36	0:36
2015/02/10	8:21	12:32	4:11	13:30	19:34	6:04	10:15	0:15
2015/02/12	8:21	12:34	4:13	13:21	17:33	4:12	8:25	0:25
2015/02/13	8:21	12:20	3:59	13:22	19:42	6:20	10:19	0:19
2015/02/14	8:21	12:29	4:08	13:21	17:20	3:59	8:07	0:07
2015/02/17	8:25	13:35	5:10	14:33	19:28	4:55	10:05	0:05
2015/02/18	8:21	12:54	4:33	13:22	17:53	4:31	9:04	1:04
2015/02/19	8:20	12:22	4:02	13:22	17:36	4:14	8:16	0:16
2015/02/20	8:21	12:37	4:16	13:21	19:07	5:46	10:02	0:02
2015/02/21	8:25	12:25	4:00	13:25	17:25	4:00	8:00	0:00
2015/02/24	8:21	12:30	4:09	13:26	19:26	6:00	10:09	0:09
2015/02/25	8:20	12:01	3:41	13:20	17:54	4:34	8:15	0:15
2015/02/27	8:20	13:25	5:05	14:19	19:25	5:06	10:11	0:11
2015/02/28	8:20	12:32	4:12	13:22	17:35	4:13	8:25	0:25
2015/02/02	8:21	12:32	4:11	13:22	17:31	4:09	8:20	0:20
2015/02/03	10:21	12:30	2:09	13:23	19:27	6:04	8:13	0:13
2015/02/05	8:21	12:21	4:00	13:20	17:06	3:46	7:46	-0:14
2015/02/06	10:21	12:38	2:17	13:20	19:36	6:16	8:33	0:33
2015/02/07	8:20	12:29	4:09	13:20	17:34	4:14	8:23	0:23
2015/02/09	8:20	12:37	4:17	13:21	17:29	4:08	8:25	0:25
2015/02/10	10:22	12:32	2:10	13:21	19:21	6:00	8:10	0:10
2015/02/12	8:36	12:30	3:54	13:20	17:33	4:13	8:07	0:07
2015/02/13	10:21	12:20	1:59	13:21	19:36	6:15	8:14	0:14
2015/02/14	8:21	12:26	4:05	13:21	17:20	3:59	8:04	0:04
2015/02/16	8:22	12:30	4:08	13:21	17:32	4:11	8:19	0:19
2015/02/17	10:21	12:33	2:12	13:21	19:27	6:06	8:18	0:18
2015/02/19	8:21	12:18	3:57	13:22	17:36	4:14	8:11	0:11
2015/02/20	10:21	12:28	2:07	13:21	19:07	5:46	7:53	-0:07
2015/02/21	8:22	12:31	4:09	13:21	17:40	4:19	8:28	0:28
2015/02/23	8:21	12:06	3:45	13:21	17:30	4:09	7:54	-0:06
2015/02/24	10:23	12:30	2:07	13:27	19:25	5:58	8:05	0:05
2015/02/26	8:22	12:31	4:09	13:21	17:41	4:20	8:29	0:29
2015/02/27	10:21	12:04	1:43	13:22	19:23	6:01	7:44	-0:16
2015/02/28	8:25	12:25	4:00	13:25	17:25	4:00	8:00	0:00
2015/02/02	8:22	12:33	4:11	13:20	17:31	4:11	8:22	0:22
2015/02/03	10:21	12:30	2:09	13:22	19:27	6:05	8:14	0:14
2015/02/04	8:21	12:27	4:06	13:20	17:42	4:22	8:28	0:28
2015/02/06	10:20	12:51	2:31	13:57	19:36	5:39	8:10	0:10

さらにGoogle Apps Scriptを使って、シフト表の内容がGoogleカレンダーでも共有される仕組みにしたことで、スタッフは各自のカレンダーアプリ上でスケジュールを確認できるようになった。

また、勤怠管理もタイムカードで取得した情報をGoogleスプレッドシートで自動的に整理するなど、業務を効率化した。

勤務シフトの作成と勤怠管理の集計があわせて効率化されたことで、担当者は別の業務も行えるようになった。

紹介企業の概要〜伊藤歯科クリニック

兵庫県の歯科医院。働きやすい環境づくりのための業務効率化やコミュニケーションの活性化にITを活用した経営スタイルが歯科業界でも注目されている。業界の中で先駆けてIT化に取り組み、G Suiteを活用して業務を効率化し、社員の満足度を高く保つことに成功している。

Googleスプレッドシート活用　before & after

［before：導入以前は？］

勤務シフト表の作成作業はとても業務量が多く、負担が大きかった。担当者は大きな精神的重圧を受けていたが、働きやすさの基礎となる重要な業務なので後回しにすることもできず、残業時間が増えていた。

[after：活用の効果]

勤務シフト表作成、勤怠管理にGoogleスプレッドシートを取り入れた結果、関係者とのやり取りや集計作業などの負荷が大幅に削減された。勤怠管理では自動であらゆるデータが計算されるので、間違いがないかを確認するだけで済むようになった。時間の余裕ができ、残業もほとんどなくなった。

担当者の声：伊藤尚史さん（伊藤歯科クリニック 院長）

当初、G Suiteを簡易版のOfficeソフトと思って導入したが、共同作業での使いやすさは通常のOfficeソフトではマネができない。Excelのように使いやすく素人でもアレンジできるので、スタッフ主導で業務改善が進んだ。

何人も同時に編集できるので、だれの手元にも最新版がある。編集ミスがあっても編集履歴をさかのぼることができるので、スタッフが積極的にチャレンジ・提案できるようになった。

歯科治療はチーム医療で、スタッフ間の情報共有がとても大切。経営を安定させるため、規模を大きくしたが、どうやって良質な情報の共有を保つかが課題だった。G Suiteをはじめとしたクラウドの普及で、とてもスマートに情報が共有できるようになり、スタッフが輝く職場作りが一歩前進した。

拠点別の成績表を統合して全体で情報を共有

この事例のポイント

複数の塾をもつこの学習塾では、教室ごとに生徒の成績情報をExcelで集計し、ファイルをメール添付で集めていた。集計に時間がかかっていたが、Googleスプレッドシートを導入することにより、成績情報の集計を効率化することはできただろうか。

入力作業を「1つの」ファイルへの記入に集約

全国で15拠点の塾を経営する藤井セミナーは、全拠点の生徒の成績表のデータを集計し、共有することで、生徒が自分のレベルを把握して目標を立てる仕組みを作っていた。

各拠点で実施されたテストの成績表データは、拠点ごとにExcelを使って入力していた。全拠点のデータを集計するためには、担当者が各拠点からメールで送られてきたExcelファイルを手作業で集計しなければならなかった。

Googleスプレッドシート運用前のExcelファイル。各拠点で生徒の成績を入力して送付しなければならず、再集計が大きな負担となっていた。

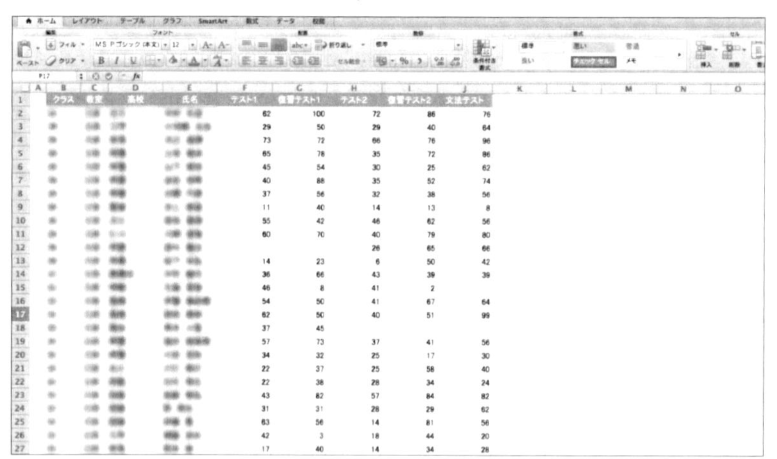

	クラス	教室	高校	氏名	テスト1	復習テスト1	テスト2	復習テスト2	文法テスト
2					62	100	72	86	76
3					29	50	29	40	64
4					73	72	66	76	96
5					65	78	35	72	86
6					45	54	30	25	62
7					40	88	35	52	74
8					37	56	32	38	56
9					11	40	14	13	8
10					55	42	46	62	56
11					60	70	40	79	80
12							26	65	66
13					14	23	6	50	42
14					36	66	43	39	39
15					46	8	41	2	
16					54	50	41	67	64
17					62	50	40	51	99
18					37	45			
19					57	73	37	41	56
20					34	32	25	17	30
21					22	37	25	58	40
22					22	38	28	34	24
23					43	82	57	84	82
24					31	31	28	29	62
25					63	56	14	81	56
26					42	3	18	44	20
27					17	40	14	34	28

テストは毎週実施されており、担当者は週明けの集計日に向けて忙殺される。成績表データの間違いを修正してほしいという依頼が来ると、さらに修正作業が加わり、負担は増すばかりだった。

Googleスプレッドシートの導入後は、各拠点が一つのファイルに成績表データを入力する仕組みにすることで、煩雑だった担当者の集計作業は不要になっている。

現在運用されているスプレッドシートの例。各教室の先生がいつでも生徒の成績を入力でき（上図）、それが関数によって年間・月間集計され、生徒の成績表となる（下図）。

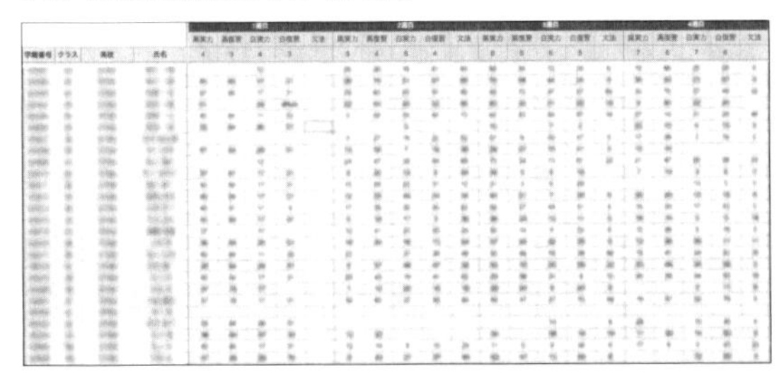

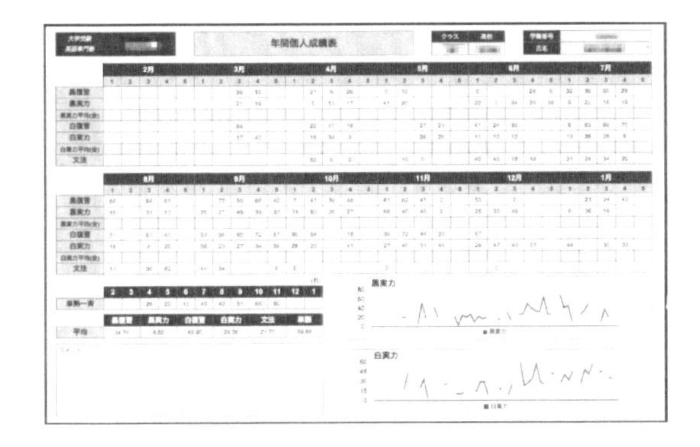

担当者は前の週に入力された成績表のデータに間違いや記入漏れがないかのチェックをしているが、集計作業がなくなったことで余裕をもって確認業務に取り組めるようになった。

また、過去の成績表をもとに個人別の成績の推移が見られるように成績表を改善。生徒個々の努力が可視化され、生徒との面談も非常にスムーズに行えるようになった。

紹介企業の概要～藤井セミナー

藤井セミナーは兵庫県を中心に大阪府、京都府、東京都、福岡県、宮崎県で展開している大学受験専門の学習塾。拠点エリアが拡大しており、経営課題の1つとして業務の効率化に取り組んでいる。GoogleのWebアプリなどのクラウドサービスを活用して塾経営の仕組みづくりを行っている。

Googleスプレッドシート活用　before & after

[before：導入以前は？]

各拠点の成績表をExcelファイルを使って共有していた。ファイルが別々に作成されるため、集計作業が必要で拠点が増えるたびに、集計作業をする担当者の負担が増していた。

[after：活用の効果]

成績表を1つのGoogleスプレッドシートのファイルに統合し、同時編集機能を使って各拠点から入力してもらうことで、集計作業が不要になった。関数を使い、個人ごとの成績推移表を出せるようになったことで成績が見える化され、生徒の父母の満足度も向上している。

担当者の声：北野博和さん（藤井セミナー）

以前は教材や生徒の成績管理表の持ち運びが難しく、パソコンで作成したものをUSBで持ち歩いたり、メールでファイルの送信を行なっていた。G Suite導入後は、Googleドライブにて教材の管理、Googleスプレッドシートで生徒の成績情報の作成を行ったおかげで教材の持ち運びの手間やミスが激減した。

またスマートフォンのアプリにて、出先でも手軽に生徒の成績を確認できるのはとても便利。スタッフ間での情報共有を行なうために、Googleグループを用いている。グループでのアドレスがあるのでわざわざ個々のアドレスを入力する必要がなく、過去の議題も容易に確認することができるようになり、以前より会議の回数を減らすことができるようになった。

あらゆる管理表を共有して業務を見える化する

この事例のポイント

社内で利用する管理用の表計算ファイルが、担当者のパソコン内に散在しているケースは多い。管理用ファイルをGoogleスプレッドシートで作成することで、時間、場所、人を選ばずに共有できる仕組みを構築することはできるだろうか。

すべての管理「ファイル」をスプレッドシート化

会社には多くの管理表が存在する。勤怠管理表、売上管理表、在庫管理表、シフト管理表、予算管理表などだ。これらのデータは通常、Excelなどの表計算ソフトで処理されている。

ストリートスマート社ではすべての管理表をGoogleスプレッドシートで運用している。

最初は顧問税理士とのやり取りのための請求書一覧表、経費の管理表などから開始して、現在はすべての管理表がGoogleスプレッドシートになり、クラウド上でデータを保管するに至った。いつでもどこでもどんな端末からでも管理表にアクセスできる仕組みである。

現在では、ファイル数が増え、フォルダを分けることで分類管理をしている。

昨年よりタイに拠点をつくり、海外へ進出しているが、日本の情報をタイのチームでも共有することで日本とタイとのスタッフ間の距離を縮めている。クラウドのGoogleスプレッドシートでデータを管理することで、情報共有を促進し、国境を超えたスピードアップを実現した。

ストリートスマート社では、数値管理・運用のほぼすべてがGoogleスプレッドシートで実現されている。「管理と名がつくものはすべて」という松林代表自慢の「Google化」だ。

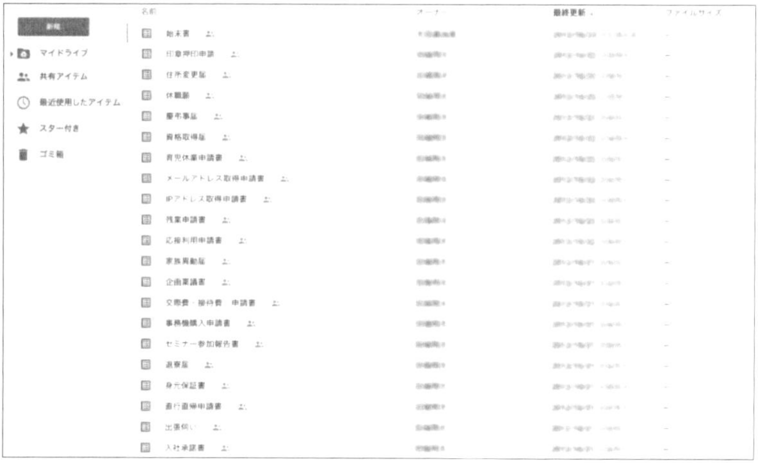

紹介企業の概要～株式会社ストリートスマート

G Suiteをはじめとしたクラウドサービスの販売をしている。
G Suiteを活用するためのトレーニングを全国で実施しており、評価が高い。2014年よりGoogle社が提供している認定資格G Suite導入スペシャリストに関するトレーニング及び資格取得のための試験のバウチャー販売を日本初で開始。出社をしなくてもいい「フレキシブルDAY」など、これまでにない新しい働き方をテーマにさまざまなクラウド活用を実施している。

Googleスプレッドシート活用　before & after

[before：導入以前は？]

あらゆるファイルを個人ごとに管理しており、共有していなかった。データを集計するにもその都度ファイルをメールで集めていた。
フォーマットもバラバラのため、担当者は集計に時間がかかっていた。

[after：活用の効果]

表計算関係のファイルをすべてGoogleスプレッドシートに変換してクラウドで運用することで、社内での情報共有が促進された。海外拠点でも同じ環境を低コストで構築できた。

担当者の声：松林大輔さん（株式会社ストリートスマート 代表取締役）

クラウドサービスの利用についてどうしてもセキュリティへの不安が大きかったが、Googleが様々なセキュリティ対策用の機能を追加しているので安心して利用できるようになった。

何よりあらゆるデータをGoogleに一元化させることで業務が効率化さ

れて、情報共有の促進も進んだ。

モバイル機器の進化が進んでいるので、今後はモバイルでも仕事ができる環境を整備して、いつでもどこでも働ける新たなワークスタイルの実現に向けて取り組んでいきたいと思っている。

著者紹介

丹羽 国彦（にわ くにひこ）

昭和51年10月30日生まれ。株式会社ストリートスマート取締役。同社コンテンツ部門の責任者として、主にユーザー・管理者教育のコンテンツ企画や講演に従事。20代前半より大手インターネットプロバイダや国内大手のOffice機器綜合企業にて、ハード・ソフトの両面からの多数のサポート経験を積み、IT分野におけるサポート歴は業界で12年以上。Google社の提供する認定資格トレーニングの講師など多方面で講師として活躍している。著書に「仕事で使える！Googleスプレッドシート」「仕事で使える！Googleフォーム」「仕事で使える！Googleサイト」「仕事で使える！Googleスライド」（インプレスR&D）がある。

監修者紹介

佐藤 芳樹（さとう よしき）

昭和54年4月17日生まれ。Hewlett-PackardやMicrosoftにて開発系エンジニア、製品エンジニア、製品マーケティングなどを経て、現在は米系IT企業のクラウドサービスやデバイスを専門とした技術者として活動中。著書としては「Google Appsではじめるクラウドグループウェアの教科書」（ジョルダンブックス）「仕事で使える！Googleカレンダー」「仕事で使える！Google Apps導入編」「仕事で使える！Googleドライブ」「仕事で使える！Googleハングアウト」「仕事で使える！Chromebook ビジネス活用編」「仕事で使える！Google Apps モバイルデバイス管理編」「仕事で使える！Windows 10」執筆と「仕事で使える！シリーズ」監修（インプレスR&D）、その他雑誌やWebの技術解説記事など多方面で執筆活動を行っている。

◎本書スタッフ
編集協力：深川岳志
AD／装丁：岡田章志＋GY
デジタル編集：栗原 翔

●本書の内容についてのお問い合わせ先
株式会社インプレスR&D　メール窓口
np-info@impress.co.jp
件名に「『本書名』問い合わせ係」と明記してお送りください。
電話やFAX、郵便でのご質問にはお答えできません。返信までには、しばらくお時間をいただく場合があります。なお、本書の範囲を超えるご質問にはお答えしかねますので、あらかじめご了承ください。
また、本書の内容についてはNextPublishingオフィシャルWebサイトにて情報を公開しております。
http://nextpublishing.jp/

●落丁・乱丁本はお手数ですが、インプレスカスタマーセンターまでお送りください。送料弊社負担に てお取り替えさせていただきます。但し、古書店で購入されたものについてはお取り替えできません。
■読者の窓口
インプレスカスタマーセンター
〒 101-0051
東京都千代田区神田神保町一丁目 105番地
TEL 03-6837-5016／FAX 03-6837-5023
info@impress.co.jp
■書店／販売店のご注文窓口
株式会社インプレス受注センター
TEL 048-449-8040／FAX 048-449-8041

仕事で使える！シリーズ

仕事で使える！Googleスプレッドシート　Chromebookビジネス活用術

2017年改訂版

2017年9月8日　初版発行Ver.1.0（PDF版）

監　修　佐藤 芳樹
著　者　丹羽 国彦
編集人　山城 敬
発行人　井芹 昌信
発　行　株式会社インプレスR&D
〒101-0051
東京都千代田区神田神保町一丁目105番地
http://nextpublishing.jp/
発　売　株式会社インプレス
〒101-0051　東京都千代田区神田神保町一丁目105番地

印刷・製本　京葉流通倉庫株式会社
Printed in Japan

ISBN978-4-8443-9793-9

NextPublishing®

●本書はNextPublishingメソッドによって発行されています。
NextPublishingメソッドは株式会社インプレスR&Dが開発した、電子書籍と印刷書籍を同時発行できるデジタルファースト型の新出版方式です。 http://nextpublishing.jp/